金融時報
首席專家的

資料視覺化聖經

Alan Smith 艾倫・史密斯——著

吳慕書——譯

How Charts Work

Understand and explain data with confidence

Contents

目錄

圖表可以打造美好，也能成就邪惡

《親愛的臥底經濟學家》（*Dear Undercover Economist*）
作者提姆・哈福特（Tim Harford）

「報告上有圖，她可能會想看看。」這是白衣天使佛蘿倫絲・南丁格爾（Florence Nightingale）的尖銳評論，當時她正要上呈一份關於公共衛生改革的報告給維多利亞女王（Queen Victoria）。南丁格爾對女王沒什麼印象，卻非常了解她的觀眾：想在忙碌的世界吸引關注，印一張圖就對了。

報刊編輯很早就領悟這一點，但印出的所有資料圖像往往看起來都是裝飾性質，我稱為「浮誇的偽裝」，也就是繪製出難以理解的形狀、線條和圖案，用來誤導視聽、迷惑觀看者。資料視覺化的作用，遠遠不只是漂亮、吸引關注就好，一張好圖像勝過千言，可以為混亂的世界帶來清晰。

我們顯然可以做得更好，而且全世界沒有任何記者，會比《金融時報》（*Financial Times*）的艾倫・史密斯（Alan Smith）和他的優秀團隊更明白這一點。

南丁格爾留下的訊息再重要不過了。她受世人稱道的是，在 1850 年代克里米亞戰爭期間，遠赴土耳其伊斯坦堡的醫院服務，後來帶著改革使命，從這個她稱為「地獄王國」的地方返鄉。

醫院確實就像煉獄，來到這裡的人先是腹部受傷流血、身上爬滿寄生蟲；要是熬不過就會被裹在毯子裡，縫死後再放進萬人塚。光是 1855 年 1 月，駐紮在克里米亞的英軍就有十分之一死於肆虐的痢疾和霍亂等疾病。隨著傳染病擊垮英軍，南丁格爾試圖阻止一場人道主義災難，只是一開始未能成功。

不過南丁格爾發現，醫院改善衛生條件，例如粉刷牆壁，並將死馬拖離供水系統，死亡人數立刻大減。她相信回到英國後，在公共衛生方面下同樣的工夫，有可能大幅改善公共衛生，在伊斯坦堡管用的做法也適用於其他地方。她強調：「無論走到哪裡，大自然絕不允許眾人無視她的法則。」

正是這個深刻見解，促使她返回英國後發起文宣活動。在克里米亞戰爭中，她算是少數名聲不受損害的人物之一，卻還是吃盡苦頭才說服醫療機構。當時細菌致病論才剛開始發展，許多醫師都認定南丁格爾的想法太激進，並且難以置信。1858 年，英國政府醫療長約翰・賽門（John Simon）評論，傳染病作為早死的原因，「平心而論乃不可避免」。

南丁格爾不僅是護理師和全國偶像，更是統計學家，她是英國皇家統計學會（Royal Statistical Society）第一位女性研究員，善用精熟數據的能力，追蹤伊斯坦堡醫院改善衛生條件和死亡率下降之間的關聯。

將這種理解力化為行動，有賴統計數字的說服力助陣。南丁格爾偕同倫敦市政府人口統計學家威廉・法爾（William Farr）和醫師約翰・蘇德蘭（John Sutherland）等怪咖盟友，開始投入更好的公共衛生措施活動。不過在那場活動裡，關鍵武器是南丁格爾的資料視覺化文宣，最知名的一張就是「玫瑰圖」（Rose Diagram）。雖然以前就有出色的資料視覺化工具，但是從來沒有一張圖表曾經占據重大辯論的核心，本書稍後將會詳述。

你可以在第 5 章的「學習要點」看到這張玫瑰圖，它很容易被視為單純的裝飾而自動略過，但是當時它即將改變全世界。它只是一個統計說法，卻讓人嘆為觀止，更細說一個「衛生改善前是災難，但改善後是救贖」的搶眼故事。兩個淺色圓圈提供兩枚強力彈頭；賽門和他的盟友都感受到雙管齊下的強大威力。

不過和這張圖表本身一樣搶眼的重點是，南丁格爾深刻洞察資料視覺化的重要性，而當時英國的統計學家老是依賴資料表格。

　　1857 年聖誕節，南丁格爾草擬一套善用資料視覺化促進社會變革的計畫。她宣布，這套計畫是要為圖表覆上玻璃、裱框，並懸掛在陸軍醫學委員會（Army Medical Board）、王室禁衛騎兵隊（Horse Guards）和戰事部（War Department）的牆上，因為「這是他們不知道卻應該知道的事」。

　　她計劃將圖表分送給理當收到的對象。「只有科學家才會檢視報告中的附錄，所以這是要給一般大眾看的……現在誰是一般大眾，誰又拿到這份報告？……女王……亞伯特親王（Prince Albert）……全歐洲的王室貴族都透過大使或部長各自拿到……軍隊中所有的指揮官……所有穿上軍服的外科醫生和醫務人員……（國會）兩院的醫療長……所有新聞報刊、評論及雜誌。」

　　賽門和他的盟友面對這場猛烈攻擊完全束手無策，事實證明，誰也擋不住南丁格爾和她的盟友，尤其是她的圖像修辭。公共衛生實務慢慢演進、新的衛生法律獲得通過，賽門則是默默修正其「因傳染病死亡不可避免」的觀點。南丁格爾靠著一張加強渲染力的圓餅圖（Pie Chart），改變了全世界。

　　每位現代資料視覺化專家對南丁格爾的圖表各有看法，有些人覺得妙趣橫生，也有人看不懂或根本錯誤解讀。不過在我眼中，關於她的這場戰役，以及她用有說服力的視覺化資料當作武器，卻頗讓人震驚又極具現代感。

　　我們需要理解，資料視覺化發揮作用的程度遠高於以往。我們作為資料的接收者，有可能因自身的圖解力（Graphicacy）以及繪圖者的選擇，受到啟發或遭到迷惑，因此有必要像繪圖者一樣理解資料視覺化。圖形和圖表是強力工具，垂手可得的資料與多功能軟體則讓它們更強大。不過就像任何工具一樣，可以被巧妙或笨拙使用，可能用來打造美好，也可能被惡意利用。

　　你手上這本書是回應此項需求的明確答案，我很自豪能和史密斯共事，而你這位親愛的讀者則將獲邀展卷，一飽眼福。

2022 年 2 月寫於牛津

第1章

　　我一向熱愛圖表，從青少年時期寫單車日記，就會靠手繪展現我的單車冒險。至今仍清楚記得，機械里程表捕捉到的季節性趨勢，記載單車前輪的每一圈紀錄，看得我眼花撩亂。

　　大學就讀地理系時，我總是熱愛視覺化挑戰（「畫地圖！」），勝過其他的苦差事（「寫報告！」）。只是我從未想過，資料視覺化這門技術最終竟會成為自己的全職事業，因為當年任何人都不曾這麼想。

　　相較之下，現在有很多人都面臨視覺化挑戰，像是在任職組織內部擷取資料並加以傳播，不過有許多承擔這個責任的人，從未接受**如何**呈現資料的正規指導，這正是學術課程的明顯疏失！

　　那就是我想撰寫本書，分享自己的經歷或至少其中特定環節的原因。本書特別介紹的多數圖表，不是棄用的草圖，就是在我任職《金融時報》7年（還在累積）期間已經刊登的作品。

　　近年來，市面上有大量談論資料視覺化主題的精彩專書出版，雖然感到高興，但仍期許本書有其與眾不同之處，即聚焦《金融時報》的工作成果，並提供系統性的資料視覺化策略，最終對組織有所助益。我已經在《金融時報》的圖表醫師（Chart Doctor）系列（ft.com/chart-doctor），彙整其中部分內容，但是本書更鉅細靡遺。

手繪資料──我兒時的自行車日誌展現了我對圖表的熱愛

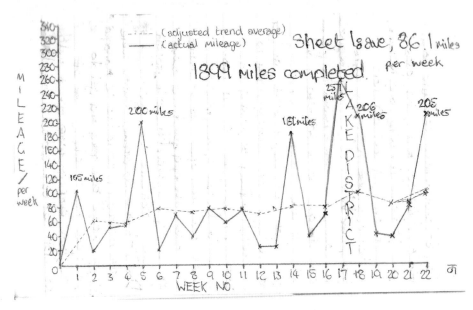

最近發生的事件提高了資料對新聞議程的重要性，特別是新冠肺炎（COVID-19）疫情。我們的資料視覺化一向是新聞報導的重要元素，立志透過《金融時報》傳達協助理解並改善世界的洞見，所以我希望本書也能針對系統化應用圖表，提供一些實用見解。

我會從檢視為什麼圖表很重要出發，進而介紹圖解力的概念，以及我們理解資訊的社會需求。

然後我將介紹所謂的《金融時報》視覺化辭典（Visual Vocabulary），它是一張用來提升圖表素養的新聞編輯部海報，以便更充分理解不同類型的圖表，以及其中強調的資料關係。

接下來九章會依序介紹這些關係，以便展示不同的圖表類型，還有它們的用途和應用。而後在第二篇中將借鑑知覺科學、標題寫作及色彩理論等主

題，協助建立你的圖表工具箱。

有別於當年我一派天真地手繪圖表，如今多數人早已改用電腦製作圖表。儘管就這方面來說，軟體顯然至關重要，但是我真切地希望，這不會讓大家不假思索就去追求高技術。即使我說過要善用工具來製作圖表，這本書並非偏重在軟體工具上。有鑑於視覺化技術日新月異，我相信這個決定會讓本書更禁得起時間的考驗。

不斷演進的資訊

我和許多人一樣，曾花費一點時間探索族譜。「1911 年愛爾蘭人口普查表」列出，在愛爾蘭城市斯萊戈（Sligo）坦普爾街，我的祖父約翰・蓋拉格（John Gallagher）當年還只是 2 歲的嬰兒，和雙親及兄弟姊妹住在一起。

人口普查表堪稱社會史上超棒的時空膠囊，同時也非常個人化。我對家族回覆第四欄「教育」（EDUCATION）問題的答案很感興趣。正如你可能預期的，像蓋拉格這樣的學齡前兒童目不識丁，但是較年長的孩童和他們的母親安妮・蓋拉格（Annie Gallagher）卻能讀也能寫。不過真正的亮點是家族大老，也就是 40 歲的牛販派翠克・約瑟夫・蓋拉格（Patrick Joseph Gallagher），他登記的狀態真的很與眾不同：根據文件所載，他可能「只會讀」。

就這方面來說，派翠克不是唯一特例。官方數據顯示，1911 年，全愛爾蘭近 10 萬人能讀不能寫。但是這個數字占人口比重究竟有多高？全愛爾蘭的不識字率是否平均分布，還是說斯萊戈這類特定城郡特別突出？讓我們看看 1911 年的人口普查數據圖表，從中找出答案。

這張圖表是在單一視圖中顯示兩大重要資訊：逐郡列出 1911 年愛爾蘭總人口組成概況，以每一列的**高度**表示；以及依據教育問題的回應內容，針對

1911 年愛爾蘭人口普查表

資料來源：愛爾蘭中央統計辦公室（Central Statistics Office）／ 1911 年人口普查。

每個郡進行人口細分，也就是每一列中每一段的**寬度**。這張圖表會讓我們讀懂什麼？

　　首先，看看整張圖表中標示深藍色的第一類，儘管不識字者普遍存在，但是多數愛爾蘭人能讀也能寫。我們可以看到，人口最多的都柏林（Dublin）郡位居縱軸最高處，識字率也最高，約達 80%，就是每 5 人中有 4 人能讀也能寫。

　　其次是**不識字**率，也就是橫軸的桃紅色區塊，我們可以清楚看見，占比最高的地區是高威（Galway）、梅奧（Mayo）和多尼戈爾（Donegal）。在多尼戈爾，不識字率為 16.8%，大約是每 6 人中有 1 人不識字，是全國平均值的 2 倍多。

1911 **年愛爾蘭的識字率**

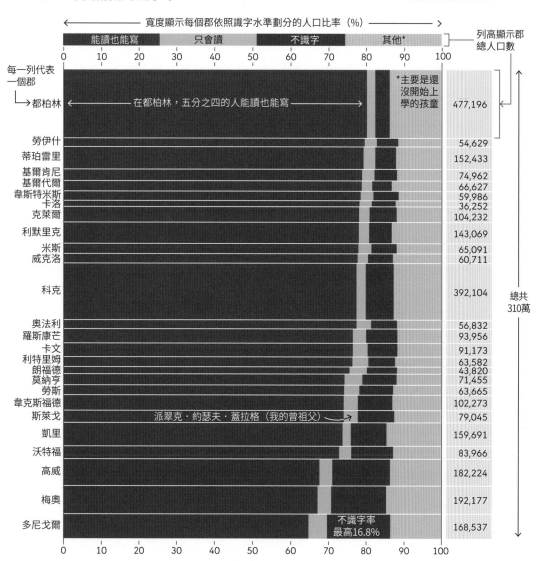

資料來源：愛爾蘭中央統計辦公室／ 1911 年人口普查。

最後，可以在圖表上看到自己（以我的情況來說是遠親），是非常厲害的。我們可以在淺藍色區塊看到，「只會讀」的人口比率占總體來說相對小眾，占全國略高於 3%。因此從斯萊戈和愛爾蘭全體來說，派翠克都稱得上是非典型代表。

以前你可能沒有見過這種類型的圖表，或者知道它被稱為「**馬賽克圖**」（Marimekko Chart/Mosaic Chart），不過一旦你花點時間學會如何解讀，它就成為一種資訊內容的載具，獎勵你花費時間看懂。

打造你的「圖解力」

我的這一小段族譜歷史，取自愛爾蘭歷史上的一小段時期，當時文盲是嚴重的社會問題。所幸在多數國家，識字率都高於前一個世紀，不過這不代表所有存在於我們快速變化社會中的障礙都已經消除。

在 21 世紀，我們的學校、家庭及職場中充斥越來越飽和的**數據**，我們處理並理解資訊的能力，將越來越強力左右自己能否成功駕馭周遭的世界。

我們在理解愛爾蘭識字率的歷史模式時，圖表提供數據，以及將它轉化成**資訊**的完善背景，如果改成只以文字敘述，恐怕很難講清楚。我們看圖說故事的能力就是**圖解力**，長期以來都被擱置在學術課程的空白地帶，不過至今我們對它的需求遠遠超過以往。

僅僅在 100 年前，我們還很需要參考官方人口普查表，才能區別只會讀和會讀也會寫的人口，對如今的我們來說，似乎感覺滿怪的，不過那正是我們當前的處境——閱讀圖表的人遠遠多於製作圖表的人。

第 2 章

堅定掌握事實

1940 年代好萊塢經典黑色電影《雙重保險》（*Double Indemnity*）中，有一幕讓你看得恍然大悟，反傳統英雄式主角華特‧奈夫（Walter Neff）企圖躲過謀殺的舉動，最終竟然是以糟糕的方式收場。他的同事巴頓‧濟斯（Barton Keyes）猜測，有人在一樁看似簡單的保險案件中搞鬼。

是什麼清楚表明奈夫是在對抗一位邏輯大師？濟斯在辦公室牆上貼著一幅傳達大膽訊息的超大圖表：留意一位堅定掌握事實的高階主管的智慧。

時間快轉到 21 世紀，但是中間這數十年光陰不一定有利於商界應用圖表。2017 年，財經媒體《富比士洞見》（*Forbes Insights*）攜手會計師事務所德勤（Deloitte）針對 300 多位高階主管，調查他們聽取商業見解的偏好方式，最不受歡迎的就是「**資訊圖表**」（Infographic），吸引力是 0。

這個詞彙很有意思，在 1960 和 1970 年代首次問世，描述用引人注目的視覺化手法呈現資訊。那個目標本身沒有什麼問題，而且確實很快就變得普遍，有很大程度要歸功於全世界的報紙和雜誌廣泛採用。

但是數十年來，《富比士洞見》和德勤的調查顯示，資訊圖表這個詞彙已經帶有貶義，很可能是因為企業設計師將它從呈現事實轉向吸引關注的美學手

法所致。我效力的重量級媒體《金融時報》也無法逃脫這股趨勢，在世紀之交攀上高峰，開始定期發布大量資訊圖表，堅定強調「圖表」勝過「資訊」。

在這個時期《金融時報》的檔案庫，我個人鍾愛的圖表是「睪丸圓餅圖」（這是我下的標題，不是《金融時報》的原標題），把資訊全都塞在一件日本潮牌聖麥克（St. Michael）的內褲中。這張圖在 1999 年刊登，堪稱這種類型的經典之作。當然它讓人難忘，但不見得是出於正確的原因。我倒是懷疑，濟斯會不會將這張圖表貼在辦公室牆上，要是他這麼做了，我猜想可能奈夫最終會逃過懲罰。

這些圖表非常簡約：兩張圓餅圖、一張柱狀圖（Column Chart）和一張折線圖（Line Chart），但是說到吸引目光，內褲每一次都是贏家。

現代資訊設計先驅愛德華・圖夫特（Edward Tufte）則說它是「渣圖」（chartjunk），毫不掩飾他對這種資訊呈現手法的感受：

「隱藏在渣圖背後的態度是看輕資訊和讀者。渣圖的推廣者想像，數字和細節都很無聊、沉悶又乏味，需要裝飾讓它們生動起來……渣圖可以把無聊變成災難，但是絕對挽救不了貧瘠的資料庫……可信度蕩然無存。」
——圖夫特，《想像資訊》（*Envisioning Information*），1990 年

雖然隨後的學術研究[1]，對圖夫特教授鍾愛的某些極簡主義手法提出質疑，但是一說到渣圖，我倒是有些同情他。

2015 年，我第一次走進《金融時報》新聞編輯部，花費一些時間研究編輯和記者，如何與後製的美編團隊互動並製作圖表。

1 　參見 2010 年加拿大紐布朗維克大學（University of New Brunswick）資科系教授史考特・貝特曼（Scott Bateman）等人發表的報告；2015 年加拿大英屬哥倫比亞大學（University of British Columbia）博士後研究員蜜雪兒・柏金（Michelle Borkin）等人發表的報告。

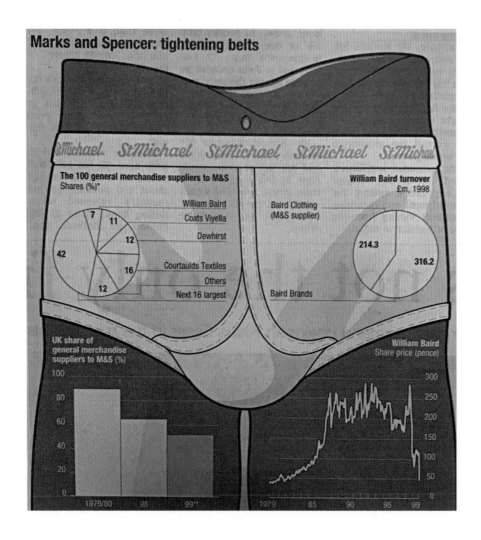

Marks and Spencer: tightening belts

The 100 general merchandise suppliers to M&S
Shares (%)*

William Baird　7
Coats Viyella　11
Dewhirst　12
42
Courtaulds Textiles　16
Others　12
Next 16 largest

William Baird turnover
£m, 1998

Baird Clothing
(M&S supplier)　214.3
316.2
Baird Brands

UK share of general merchandise suppliers to M&S (%)
100 / 80 / 60 / 40 / 20 / 0
1979/80　98　99**

William Baird
Share price (pence)
300 / 250 / 200 / 150 / 100 / 50 / 0
1979　85　90　95　99

　　許多員工對各種圖表類型認識淺薄，圖表詞彙有限就意味著，許多圖表最終都會變得差不多，往往招致無聊又重複的批評，然後美編還會被要求添加許多裝飾，讓它們看起來「有趣」。

　　圖表本身想吸引目光沒錯，確實本來就該用盡全力爭取目標觀眾的注意力，但是不該以犧牲可信度為代價，反而應該為那些全部注意力都被你奪走的讀者提供實質獎勵。

圖表詞彙落差

下方圖表一般被稱為**散布圖**（Scatterplot）。這是 2016 年 6 月英國脫歐（Brexit）公投通過後，《金融時報》同事約翰‧伯恩－梅鐸（John Burn-Murdoch）馬上繪製的例子。

散布圖顯示兩項資訊之間的關係：一項是依據橫軸（x 軸）繪製；另一項則是依據縱軸（y 軸），因此圖表上的單一圓點就是代表兩項資訊在平面圖上相對的二元位置。以這個範例來說，蘭開夏郡（Lancashire）贊成脫歐

最強力脫歐的地區，經濟上最依賴歐盟

脫歐得票率最高的地區多半在經濟上和歐盟牽扯最深，東約克夏郡（East Yorkshire）和北林肯郡（Northern Lincolnshire）的經濟產出，銷售到歐盟其他國家的比率高於全國其他地區，但有 65% 的選民投票支持脫歐。

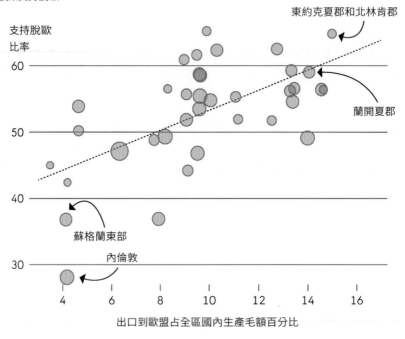

資料來源：公投結果：新聞協會（Press Association）歐盟貿易研究，John Springford, Philip McCann, Bart Los and Mark Thissen. 圖表：John Burn-Murdoch/@jburnmurdoch，參見 https://twitter.com/ft/status/746275255354818561. 金融時報有限公司授權使用。

的得票率很高，出口到歐盟（European Union, EU）的金額占國內生產毛額（Gross Domestic Product, GDP）的比率也很高，這一點正好和內倫敦（Inner London）[2] 相反。

數十年來，科學家習慣使用這種類型的圖表將「**相關性**」（correlation）視覺化，也就是指兩件事相關的程度。在這個範例中，伯恩－梅鐸的研究結果或許帶有一點矛盾，但充分顯示英國境內脫歐得票率最高的地區，通常是和歐盟貿易往來比較頻繁的地區。

這張圖表透露這是一股明確的趨勢，因為圖上這些圓點的分布方向一路從左下角（兩軸的低位）朝右上角（兩軸的高位）而去。如果這些圓點是隨意分布在圖表上，就表示兩個變數之間沒有關係。

散布圖很有價值，因為我們無須檢查個別落點，就可以看到可能由數千個資料點匯總而成的聚合模式。不過這種資訊密度也有代價——它們究竟有多容易閱讀？

2015 年，美國民調機構皮尤研究中心（Pew Research Center）發布一項分析結果，大約 63% 美國成年人可以正確解讀散布圖；大學畢業生的比率更高，達到 79%，不過中學以下教育程度的受訪者，只有一半可以正確解讀。

這些數據讓我們很容易就把散布圖這類圖表，排除在報紙、商業報告和簡報的常態使用之外。畢竟，難道我們會定期使用只有三分之二的人才能理解的詞彙嗎？

事實上，這類圖表可以說明某些複雜的故事，這些故事光用文字或你較熟悉的簡單圖表無法完整敘述。2016 年，《金融時報》在推特（Twitter）發布 24,000 則推文，歐盟公投的散布圖表現最好。

正如皮尤研究中心研究結果顯示，教育很重要。在大多數國家，雖然像是經濟系、數學系或物理系等領域的學生，可能花費較多時間培養更高深的製圖

2　譯注：指涵蓋 10 多個倫敦自治市的中心地區。

和圖解技能，當作訓練自己分析能力的一部分，但是沒有教育策略確保人人都具備這種能力。

相反地，以向**非專業**的閱聽大眾展示複雜資訊來說，多數曾與我共事的專業統計學家與經濟學者從未接受正規學術訓練，整個組織可能被這種雙向技能落差拖累：研究人員與政策分析師經常發現，即使他們亟需支持，但和領導者有效溝通非常困難。

學會閱讀圖表

我在教授圖表設計的入門課程時，多半會從要求學生說出已經認識的圖表名稱開始。毫無意外，答案主要是以下三種：

- 折線圖。
- 圓餅圖。
- 長條圖（Bar Chart）／柱狀圖（又稱直式長條圖）。

請留意，這和我們在本章開頭看到的「睪丸圓餅圖」組圖一樣。為什麼是這三種？它們比其他形式的圖表更能憑直覺了解嗎？事實上，沒有什麼天生就能憑直覺了解的圖表，即使這三種類型的統計圖表發明人也很清楚，自己得在圖表可以被解讀前先搞懂它們：

> 「我只要求，那些瞄了第一眼就說看不懂圖表的人，再仔細閱讀第一張圖表上面的幾行指引說明，然後他們就會發現，所有疑難雜症全都消失了，而且5分鐘內獲得的資訊量，就和一整天持續努力將整張數據表格烙印在腦海中一樣多。」
>
> ——普萊菲爾，《商業與政治圖集》
> （*The Commercial and Political Atlas*）前言，1801 年增訂版

普萊菲爾在 18 世紀後期發明的現代統計圖表，堪稱科學傳播的里程碑，事實上，當今圖表如此隨處可見，實在很難想像過往它還**不**存在的時代。不過，圖表是普萊菲爾發明的產物，第一批讀者必須自學如何解讀。

當然，一旦你學會解讀圖表，它們就會變得簡單易懂。沒有人需要重新學習如何解讀圓餅圖，好比騎單車一樣，一旦克服最初的挑戰，就再也不會忘記。

普萊菲爾的三大基本圖表類型，繼續主導大眾的潛意識，有很大一部分原因在於，它們仍是全民教育唯一的主題：多數孩童在小學時期就學會繪製並解讀。而後對大部分的人來說，他們的圖表教育甚至在嚴肅的學術研究開始前就停止了。

因此我們的挑戰不是純粹限制與呼籲人們謹慎使用這些 6 歲就學會的圖表，而是採取讓我們可以更流暢、更具說服力呈現與交流資訊的方式，彌補其間的鴻溝，並擴充圖表的常用詞彙。

沒有人應該找到有趣又相關的資料，然後用心製圖，最終卻乏善可陳到必須穿上一件內褲才能見人。

圖表不說明數字，而是說明關係

「**告訴我數字就好！**」是一句商業老哏，暗藏著認同數字價值的意涵。不過事實上，如果真要說出色的圖表通常不做哪些事，就是顯示出**全部的**數字。圖表更有效率，專注在呈現重要數字的規律或**關係**。

我們所說的「關係」是什麼意思？全看重要數字的**脈絡**而定。

舉例來說，我們使用 1911 年愛爾蘭人口普查的早期數據，可能只會對每個郡的居住人口數，以及它們之間的對照結果感興趣。

　　一個簡單的長條圖，讓我們看到每個郡的人口規模或**量的比較**。比較這些長條的長度可以看到，都柏林的人口總數超過韋克斯福德（Wexford）的 4 倍。請留意 x 軸刻度線，每 100,000 人是一個間距，這樣比較一目瞭然。

　　我們在這張圖表無法清楚看到**其他的**脈絡。舉例來說，很難確認人口規模第五大或第二小的郡。那是因為這些長條都依照英文字母順序排列，因此卡洛（Carlow）排名第一，威克洛（Wicklow）則名列最後。如果我們重新排序資料，改成以人口總數順序排列，就能更清楚解讀資訊。這就增添另一種脈絡，也就是數字之間的關係：**排序**。

　　不過我們可能也想知道，1911 年當時某個郡的人口大於或小於平均值。想要知道答案的簡單方法，就是繪製每個郡的人口數相對於 26 個郡的平均值。

1911 年愛爾蘭各郡人口數（按英文字母排序）
（單位：千人）

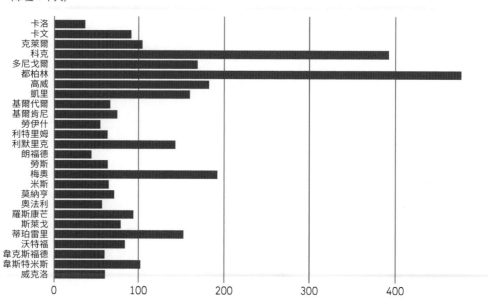

資料來源：愛爾蘭中央統計辦公室／1911 年人口普查。

1911 年愛爾蘭各郡人口數（按人口總數排序）
（單位：千人）

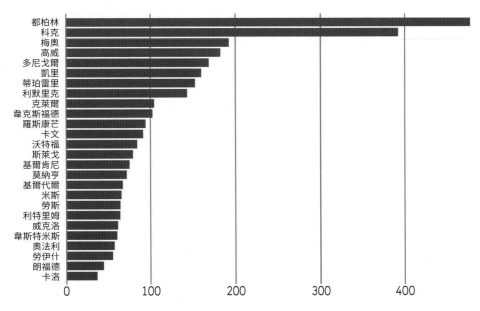

資料來源：愛爾蘭中央統計辦公室／1911 年人口普查。

人口高於／低於郡平均值
（單位：千人）

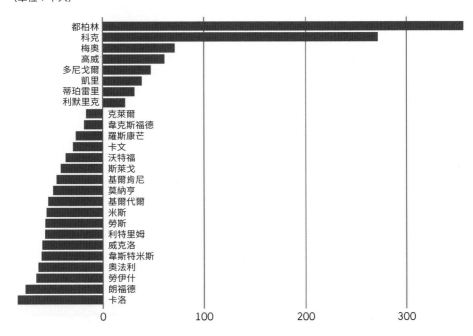

資料來源：愛爾蘭中央統計辦公室／1911 年人口普查。

由於愛爾蘭的總人口數涵蓋幾個人口稠密的郡，因此可以看到多數郡的人口規模都低於「平均值」。因此，這張圖表讓我們看到另一種關係，也就是每個郡和平均值的離散差異。

這張圖表非常清楚地顯示，哪些郡高於和低於平均值。不過請留意，我們若是純粹聚焦目測和平均值的離散差異，就會忘記最初**量的**比較：這張圖表無法更進一步告訴我們，有多少人住在都柏林，只是指出它最大且高於平均值。

此外，如果我們也有興趣關注這些郡分布在愛爾蘭**哪些地方**，就會引導出另一種脈絡，也就是**地理空間**，但在長條圖的限制下很難或不可能繪製。

這個非常簡單的例子告訴我們，所謂**完美**的圖表並不存在。每張圖表都是一種設計的妥協，鎖定強調一連串數字之間最重要的關係，並忽略不那麼重要的關係。

在本書中，我們將會聚焦圖表最常傳達資料的九大重要關係：

1. 量的比較（magnitude）
2. 隨時間變化（change over time）
3. 相關性（correlation）
4. 分布（distribution）
5. 流向（flow）
6. 排序（ranking）
7. 離散差異（deviation）
8. 部分和整體的關係（part-to-whole）
9. 地理空間（spatial）

這張清單並非毫無遺漏，但是確實是很適當的起點，最終可以擴充我們的圖表詞彙，走得比普萊菲爾在 200 年前的起點還要長遠。

I

PART

———

剖析九類
視覺化圖表

從呈現量的比較，到呈現空間概念，
本篇介紹九大生活中最常用的數據呈現形式，
讓你想傳達、想說服、想創造改變的目的一舉達標！

第 3 章

《金融時報》專用的視覺化辭典

從頭打造的圖表大全

　　2016 年，我展開擴充《金融時報》常用圖表範疇的任務。這項工程涉及對每位新聞編輯部成員介紹陌生的圖表形式，而不只是我的視覺新聞團隊。但是要怎麼做才好？要發送電子郵件、架設網站，還是製作應用程式？我想了又想，最後放棄各種做法，因為都不能命中我鎖定的目標。

　　我真正想要的結果是某種實體物件，會讓新聞編輯部成員更難視而不見；需要既搶眼又有資訊含量。最重要的是，在開放的新聞編輯部環境裡，需要具備某種讓合作小組容易一起使用的形式。對進步的數位新聞編輯部來說，我的決定似乎有點不合時宜，但我們需要的是一張海報。

　　我和同事克里斯・坎貝爾（Chris Campbell）合作，再加上視覺新聞團隊其他人的貢獻，迅速開發出早期的草稿。

　　在這張海報中，九大欄分別配置超過 70 種圖表類型，每一種都以下方圖表打算強調的特殊統計關係為標題。這些關係的概要說明是由針對每種圖表類型的簡要說明補充，詳述潛在的優缺點。

　　有些圖表橫跨好幾種類別，因為它們具有呈現不只一種關係的能力。有些圖表根本沒有列出來，因為設計海報的目的不是要列出所有可能的圖

表類型，而是要設計成辭典，更恰當的說法是百科大全，有助我們呈現《金融時報》新聞報導的**圖表大全**。在設計時也考慮到《金融時報》的讀者，他們期望在《金融時報》中至少半定期看到圖表的視覺索引。

我們為這個新資源的名稱苦思一段時間，直到《金融時報》資料編輯史塔布建議採用「視覺化辭典」。這個合乎語法的建議**完全**說得通：海報的威力源於一個概念，就是人人都可以像學習語言或音樂一樣，學習設計並使用圖表的語法：作曲家知道想要創作好音樂就需要打破音階，不過你還是得從學習這些音階開始。

對《金融時報》新聞編輯部的影響

自從視覺化辭典首次出現在新聞編輯部先前位於南華克（Southwark）的總部牆面上，就引起大家的興趣。

從基本面來說，這張海報擔綱臨場的會面點，讓大家可以討論圖表設計。其他《金融時報》記者與後製團隊的對話，巧妙地從售票亭式交易型態問法：「你想要什麼？」轉變成更像在合作的問法：「你想要**呈現**什麼？」彼此聚焦討論海報上的欄位，以及新聞報導核心的數字關係。

我們使用海報當作編輯培訓課程的核心內容，概述視覺化新聞的全新手法，結果帶來其他微小卻重要的改變。學會全新圖表型態名稱的記者改變了編輯討論：在晨間新聞會議上，一位國際新聞中心編輯提到「以**桑基圖**（Sankey Diagram）呈現德國最新選舉結果」的可能性。

將海報翻譯成其他語言，也讓我們明白圖表名稱並非全球通用，好比圓餅圖在法國稱為「**卡門貝爾**」（Camembert）。

離散差異

強調相對於一個固定參考點的變化 (+/–)。通常參考點為 0，但也可以是一個目標值或長期平均值，也可以用來表示態度傾向（正面／中立／負面）。

《金融時報》範例

貿易盈餘／赤字、氣候變遷

相關性

顯示兩個或多個變數之間的關係。請注意，除非另有說明，否則許多讀者會假設，你是在向他們展示因果關係（即 A 導致 B）。

《金融時報》範例

通貨膨脹和失業率、收入和預期壽命

排序

當某項事物在數列中的位置比自身的絕對值或相對值更重要時使用。別害怕凸顯讓人感興趣的重點。

《金融時報》範例

財富、剝奪、聯盟排名表、選區選舉結果

分布

彰顯一套資料集的數值及其發生的頻率。可以採取一種讓人印象深刻的方式繪製分布的形狀（或是「偏離程度」），以便彰顯資料不一致性或不平均。

《金融時報》範例

所得分配、人口（年齡／性別）分布，以便彰顯不平等

分向長條圖

分向堆疊長條圖

主幹圖

盈餘／赤字填充折線圖

散布圖

柱狀圖＋折線圖

連接散布圖

泡泡圖

XY 熱圖

排序長條圖

排序柱狀圖

排序比例符號圖

點狀條紋圖

坡度圖

棒棒糖圖

凹凸線圖

直方圖

點狀圖

點狀條紋圖

條碼圖

箱形圖

小提琴圖

人口金字塔

累積曲線圖

頻率多邊圖

蜂群圖

視覺化辭典

資料的設計

視覺化資料的手法五花八門，我們怎麼知道要選用哪一種？利用最上方的分類來決定，在你的報導中哪一種資料關係最重要，然後再查看分類細項中不同類型的圖表，形塑出哪些可能最有效的初步想法。這張清單並非鉅細靡遺，也並非好到沒話說，但它是製作資訊豐富、有意義視覺化資料的有用起點。

Chris Campbell, Ian Bott, Liz Faunce, Graham Parrish, Billy Ehrenberg-Shannon, Paul McCallum and Martin Stabe. 受到美國經濟學家施瓦比什和設計師里貝卡的參考海報「連續圖解」啟發，收錄於 Charts that work: FT visual vocabulary guide, *Financial Times*, March 8, 2021. 參見 https://www.ft.com/content/c7bb24c9-964d-479f-ba24-03a2b2df6e85. 金融時報有限公司授權使用。

可以在 ft.com/vocabulary 下載完整的中文版海報，此頁顯示的為英文版直譯，與中文版有少許不同。

 ft.com/vocabulary

隨時間變化

強調趨勢的變化。這些圖表可以是短期（單日內）的移動，或是延伸穿越數十年或幾個世紀的浮動：選擇正確的時區為讀者提供適切的脈絡很重要。

《金融時報》範例

股價變動、經濟動態、市場的產業變化

量的比較

顯示大小對比。這些圖表可以是相對性（只是為了可以看出誰更龐大／更巨大），或絕對性（有必要看到細微的差異）。通常用來比較數量（例如桶數、美元或人數），而非經過計算的比率或百分比。

《金融時報》範例

大宗商品產量、市值、一般總量

部分和整體的關係

顯示單一整體可以如何被拆解成小單位。如果讀者只對個別元素的大小感興趣，不妨改用量的比較類型圖表替代。

《金融時報》範例

財政預算、公司架構、全國選舉結果

地理空間

一般不用，除非對讀者而言，當資料呈現的精確位置或地理分布規則比其他任何事物更重要時。

《金融時報》範例

人口密度、自然資源分布、自然災害風險／影響、集水區、選舉結果的變化情形

流向

向讀者揭露兩種或多種狀態或情境之間的流動量或移動強度。這裡的狀態、情境可能是邏輯關係或地理位置。

《金融時報》範例

資金移動、貿易、移民、訴訟、資訊；關係圖表

隨時間變化

折線圖

柱狀圖

柱狀圖＋折線圖

坡度圖

區域圖

K 線圖

扇形圖（預測）

連接散布圖

日曆熱圖

普利斯特里時間軸

圓圈時間軸

垂直時間軸

震波圖

河流圖

量的比較

柱狀圖

長條圖

成對柱狀圖

成對長條圖

馬賽克圖

比例符號圖

象形圖

棒棒糖圖

雷達圖

平行坐標圖

子彈圖

分組符號圖

部分和整體的關係

堆疊柱狀圖／長條圖

馬賽克圖

圓餅圖

甜甜圈圖

矩形式樹狀結構圖

沃羅諾伊圖

拱形圖

網格圖

文氏圖

瀑布圖

地理空間

基本面量圖（比率／比例）

比例符號圖（表達數量／規模）

流向圖

等高線圖

均等化面量圖

依比例面量圖 （數值）

點密度圖

熱圖

流向

桑基圖

瀑布圖

弦圖

網絡圖

人人適用的資源

視覺化辭典主要是為《金融時報》新聞編輯部設計的資源，用以改善我們新聞寫作使用圖表的品質。不過，顯然這是一種將會引起更廣泛受眾興趣的資源，於是我們決定透過創用 CC 姓名標示－相同方式分享（Creative Commons Attribution-Share Alike）的授權條款，讓它變成免費資源，所有人都可以無限使用與再利用。視覺化辭典可免費下載，這張海報的電子檔製作成高解析度的 pdf 格式，有英文、西班牙文、法文、日文和中文版本。（編注：台灣讀者可直接輸入網址 ft.com/vocabulary，進入後選取「Visual-vocabulary-cn-traditional. pdf」，即可下載繁體中文視覺化辭典的清晰檔案。）

進入視覺化辭典之前，先搞懂「連續圖解」

一位沮喪的華盛頓經濟學家早期發想的專案，刺激了《金融時報》視覺化辭典誕生。

2010 年，強・施瓦比什（Jon Schwabish）任職美國國會預算辦公室（Congressional Budget Office, CBO），當時他參加一場圖夫特主講的資訊設計研討會，當下深受啟發，認為看到大好機會，可以讓他從研究報告技術審閱者的角色，拓展到更寬廣的表達和溝通領域。

施瓦比什說：「美國國會預算辦公室的研究成果品質極佳，但是這個國會仲裁單位得到的關注，卻比不上其他華盛頓特區的智庫，感覺很奇怪。」於是，他開始努力改進美國國會預算辦公室呈現分析結果的方式。

施瓦比什表示，當時擔任美國國會預算辦公室主任的道格拉斯・艾曼道夫（Douglas Elmendorf）「非常支持」，因此這項工作取得先機。將 70 頁的技術文件轉換為更簡短、聚焦，而且靠視覺引導的形式影響顯著，甚至促使

美國國會在預算辯論期間都使用「資訊圖表」。

　　施瓦比什為了解決圖表教育中缺失的環節，和設計師福里諾・里貝卡（Severino Ribecca）合力製作連續圖解（Graphic Continuum），並描述它是「思想啟動器」，用於發想並產製更優質圖表的想法：「它就是『我該用這些資料做出什麼圖像？』這個常見問題的答案。」

　　對施瓦比什來說，連續圖解的成功為研究人員創造一個「邏輯樞紐」，讓它成為更通用的表達技巧。施瓦比什離開美國國會預算辦公室後，轉戰非營利研究機構城市研究所（Urban Institute），已經成立資料視覺化和簡報技巧公司 PolicyViz。

　　施瓦比什在「後真相」時代的相關談話中發現，科學和證據經常被擱置一旁，「讓人非常沮喪又想抓狂」。但解決方案是什麼？或許是重新審視學校課程：「我們真的需要學習微積分嗎？或許不必，但是人人都需要在翻閱報紙時，理解什麼是邊際誤差（Margin of Error）。」

連續圖解

連續圖解展示幾種可以單獨說明或是結合資料，以便彰顯其間關係的做法。

善用各種形狀、圖表類型及顏色有助識別規律、敘事，並體現不同的資料集和類型之間的關係。舉例來說，長條圖或直方圖可以描繪資料隨時間變化的分布情形，但也可以顯現不同類別或是地理的差異。點狀圖可以描繪單一實例或是一段期間內所涵蓋的資料，但也可以用來辨識圍繞著平均數所形成的分布狀況。

這組圖表不是一張鉅細靡遺的清單，彼此的連結也不代表每一種串接資料和構想的可能途徑；反之，連續圖解標示出某些呈現手法，並說明可以將不同的表現形式結合在一起的連結關係。下述六大群組不會定義所有的可能性：搞不好還是有其他管用、彼此重疊的資料類型和視覺化技法。

這張圖表可以指導你選擇圖像，但個人的想像力才能引領你找出其他呈現資料的有效方式。

直方圖使用直柱呈現資料分布情形

比較類型
跨類型比較數值

在提供參考的地理構圖中，內嵌長條的地圖會將資料編碼

熱圖使用顏色顯示高頻率的數據；樹狀結構圖使用矩形顯示部分與整體的關係

地理空間
串連資料及其地理位置

圓餅圖顯示部分與整體的關係；將圓餅圖內嵌在地圖中是要闡明地理的組成要件

部分和整體
將某一個變數的部分和整體的關聯程度視覺化

資料來源：經 PolicyViz 的施瓦比什授權使用。

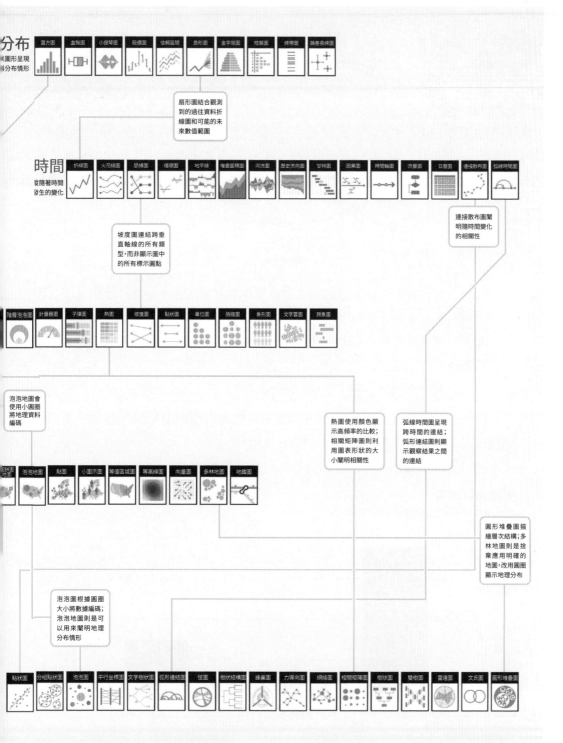

分布

以圖形呈現
資料分布情形

直方圖　盒鬚圖　小提琴圖　股價圖　信賴區間　扇形圖　金字塔圖　枝葉圖　條帶圖　誤差長條圖

扇形圖結合觀測
到的過往資料折
線圖和可能的未
來數值範圍

時間

從隨著時間
發生的變化

折線圖　火花線圖　脈搏圖　循環圖　地平線　堆疊面積圖　河流圖　歷史流向圖　甘特圖　圓果圖　陳間軸圖　流量圖　日曆圖　連續散布圖　弧線時間圖

連接散布圖闡
明隨時間變化
的相關性

坡度圖連結跨垂
直軸線的所有類
型，而非顯示圖中
的所有標示圓點

階層泡泡圖　計量器圖　子彈圖　熱圖　坡度圖　點狀圖　單位圖　抽搐圖　象形圖　文字雲圖　跨象圖

泡泡地圖會
使用小圓圈
將地理資料
編碼

熱圖使用顏色顯
示高頻率的比較；
相關矩陣圖則利
用圖表形狀的大
小闡明相關性

弧線時間圖呈現
跨時間的連結；
弧形連結圖則顯
示觀察結果之間
的連結

叢集地圖　泡泡地圖　點圖　小圓示圖　等值區域圖　等高線圖　向量圖　多林地圖　地鐵圖

圓形堆疊圖描
繪層次結構；多
林地圖則是捨
棄應用明確的
地圖，改用圓圈
顯示地理分布

泡泡圖根據圓圈
大小將數據編碼；
泡泡地圖則是可
以用來闡明地理
分布情形

點狀圖　分組點狀圖　泡泡圖　平行坐標圖　文字樹狀圖　弧形連結圖　弦圖　樹狀結構圖　蜂巢圖　力導向圖　網絡圖　相關矩陣圖　樹狀圖　雙樹圖　雷達圖　文氏圖　圓形堆疊圖

© Jonathan Schwabish & Severino Ribecca
🐦 @jschwabish @dataviz_catalog

第 4 章

呈現量的比較

這些圖表強調簡單的大小對比,可以只是為了看誰出更龐大／更巨大的相對性,或是看出細微差異的絕對性。這些類型的圖表十之八九是為了用來比較數量(例如桶數、美元或人數),但是也可以用於廣泛的資料。

你生平看到的第一張圖表很可能就是長條圖,理由很簡單,就最容易目測比較大小來說,它們提供極佳的解決方案。

美國貧富差距
2019 年依照種族劃分的家庭淨資產中位數(單位:千美元)

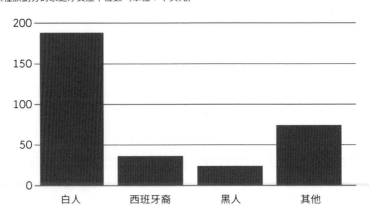

資料來源:美國聯邦準備理事會(US Federal Reserve)的消費者財務調查(Survey of Consumer Finances)。

這張圖表視覺化美國由來已久的貧富差距，典型白人家庭擁有的財富大約是普通黑人家庭的 8 倍、西班牙裔家庭的 5 倍。像這樣一組重要的數字具備顯著差異時，沒有什麼比長條圖更能簡要回答比例問題。

學習要點

遺漏的數據

質疑這類簡單的圖表有什麼**沒有**顯示出來，永遠值得一試。我們不可能知道**亞裔美籍**家庭的淨資產中位數，因為該調查根本沒有將這個資料當成單獨類別條列顯示，而是當成含糊籠統的「其他」類別的一部分。

我的著眼點是簡明扼要，因此將在本章使用「長條圖」這個術語，交替指稱視覺化辭典中的兩種圖表類型，它們其實一模一樣，只有方向的區別：

- **柱狀圖**：從**水平基線**向上延伸的垂直長條。這種定位利用視覺的重力感：低的數字停留在下方；較高數字則會向上延伸。

- **長條圖**：帶有**垂直基線**的橫向長條。如果所有繪製的數字都是正數，底線就會落在左側，橫向長條就會向右延伸。這種方法確實比柱狀圖具備實質的巨大優勢：不再需要笨拙地大動作旋轉文字，就可以處理較長的項目。

長條圖：適用於很長的項目

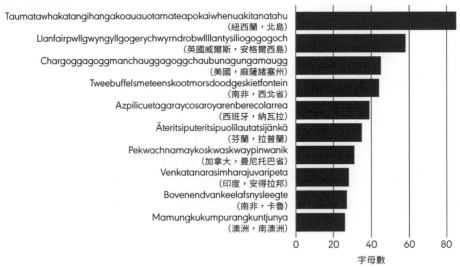

世界十大最長地名

資料來源：Worldatlas.com. 史密斯授權使用。

　　長條圖可用於範圍廣泛的資料，雖然它們的基本用途是顯示實體數量，但是也可以用來顯示幾乎任何類型的數值比較，包括比率、比例和百分比。

柱狀圖：更容易進行形狀調整

世界十大最長地名（依字母數）

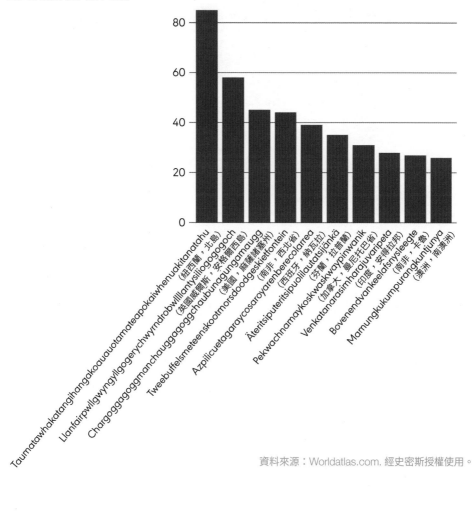

資料來源：Worldatlas.com. 經史密斯授權使用。

　　呈現全球幾座最高峰死亡率的長條圖，顯然可以讓它的焦點鶴立雞群——最致命的是世界第二高峰 K2 峰；還可以提供珍貴的洞見——別想去挑戰！

高風險：世界最高峰的死亡率

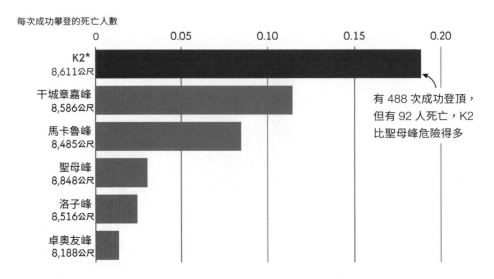

每次成功攀登的死亡人數

有 488 次成功登頂，但有 92 人死亡，K2 比聖母峰危險得多

資料來源：K2 沒有具權威性的中央統計資料庫，這些資料來自 Eberhard Jurgalski/8000ers.com、登山家 Alan Arnette 和探險報告。圖片：Chris Campbell，來源：Triumph and tragedy on K2, Himalayandatabase.com，參見 https://www.ft.com/content/b6340707-25c4-4b01-9747-ad44f0bef50b. 金融時報有限公司授權使用。

堆疊長條圖

　　長條圖通常顯示累積的資訊，也就是某種度量單位的總量。不過，有時候我們也很想知道這些總數如何構成的更多細節。堆疊長條圖（Stacked Bar Chart）提供可行做法，讓我們可以將總數細分成「**部分和整體的關係**」。

　　圖表裡的重點依舊集中在總**量**，也就是所有堆疊加總的規模。整張圖表中，只有一層堆疊真的可以非常精確地用來比較，也就是從基線出發的第一層長條；其他層的堆疊並非從同一個起點開始排列，使得你很難比較這些元素的大小。因此堆疊長條圖有其限制，卻不至於阻止它對長條圖的整體效用做出貢獻。

潛在的美國稅收增加對華爾街股票的雙重打擊

預計對每股收益的影響（%）

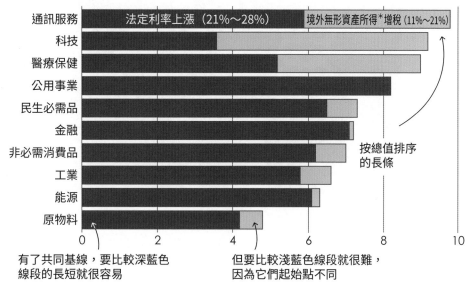

通訊服務　　法定利率上漲（21%～28%）　境外無形資產所得*增稅 (11%～21%)

科技

醫療保健

公用事業

民生必需品

金融

非必需消費品　　　　　　　　　　　按總值排序
的長條

工業

能源

原物料

0　　　2　　　4　　　6　　　8　　　10

有了共同基線，要比較深藍色　　　但要比較淺藍色線段就很難，
線段的長短就很容易　　　　　　　因為它們起始點不同

* 美國控制的外國公司在國外賺取的收入。

資料來源：高盛（Goldman Sachs），收錄於 Aziza Kasumov, Wall Street braces itself for tax rises from Biden's new stimulus plan, *Financial Times*, 2021. 參見 https://www.ft.com/stream/2abbd410-644b-4073-a5ab-dbf9b2ab2c43。

「無聊的」長條圖？

　　儘管長條圖的靈活性無庸置疑，但是有一個事實讓人難過，該怎麼說才不會太失禮？說穿了，就是有點無聊，也因此它被貼上圖表界中「有價值但無聊」的標籤。這個封號貼切地捕捉西班牙加利西亞（Galicia）自治區視覺記者薩金・貢薩拉斯・維拉（Xaquín González Veira），對「分心男友」迷因的俏皮演繹。

資料來源：Xaquín Veira González。

《紐約時報》（*New York Times*）美編艾曼達‧考克斯（Amanda Cox）曾接受《哈佛商業評論》（*Harvard Business Review*）專訪，她解釋：「資料視覺化世界中，有一派觀點主張，各種事物都可以做成長條圖。有可能真是如此，但也可能因此變成缺少歡樂的世界。」

沒有人想要一個缺少歡樂的世界，但是我們不該對自己或長條圖太過嚴厲，只需要明白它被濫用的兩大主因就好。

原因 1：有些量的比較根本不需要視覺化

「中國 2 年內的鋼鐵產量，超過英國工業革命以來累積的總產量。」

這個驚人的事實是由《泰晤士報》（*The Times*）的經濟學編輯艾德‧康威（Ed Conway）統計而成，讓人印象深刻又極具洞見。不過，真的有必要做成圖表嗎？讓我們試做看看。

中國 2 年內的鋼鐵產量，超過英國工業革命以來累積的總產量

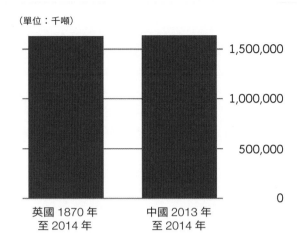

（單位：千噸）

1,500,000

1,000,000

500,000

0

英國 1870 年
至 2014 年

中國 2013 年
至 2014 年

資料來源：康威從世界鋼鐵協會（World Steel Association）、Stevenson & Cook 公司取得的全球鋼鐵資料分析。

從這張圖表中，你讀到什麼標題沒有交代清楚的資訊嗎？就算有，也很少。單位本身就已經大到不可能再費心細想，也很難看出中國的直柱比英國來得高，因為兩者的數字實在太接近了。

我們千萬不要因為數字構成一個有趣事實，就認定非用圖表顯示不可。只要明白有些資料應該用文字簡潔解釋就好，這樣一來，就可以節省許多花費在裝飾無聊圖表的時間和力氣。

原因 2：真的需要視覺化時，長條圖有時並非量的比較的最佳選擇

長條圖在顯示量的比較方面很有成效，因為它要求讀者只需要在單一面向進行視覺解讀，也就是解讀長條的長度或高度即可。**通常**這是好事，因為容易解讀，再加上刻度等長，比較時就會變得快速而容易。

然而，將用以比較的所有數據之間的差異濃縮在單一軸線上，要是必須

呈現的數據差異非常大，也就是好多個數量級，有可能會為讀者造成解讀的問題。

在《金融時報》新聞編輯部，我有時候會把這種極端大小的問題稱為「**木星／冥王星問題**」，但或許「**太陽／冥王星問題**」才是更好的標題。

在比較太陽系中個別天體平均半徑的長條圖中，其中冥王星遭降級成矮行星而被排除在外，因此引發爭議，但是我仍把它放進來和其他八大行星並列，與太陽相比。

太陽系天體依照體積大小排列

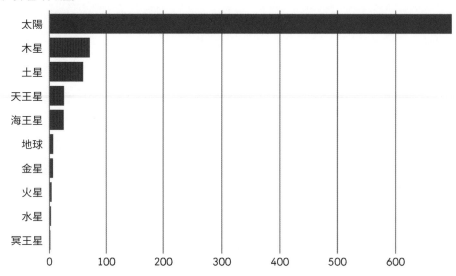

平均半徑（千公里）

資料來源：Nimmo et al (2017)、Emilio et al (2012)、Seidelmann et al (2007)，維基百科（Wikipedia）。史密斯授權使用。

你可以從長條圖看到，太陽超級大，因此讓木星看起來很小，但實際上卻不是如此，木星比地球大多了，而地球又比冥王星來得大。

　　視覺問題在於，我們的軸線為了容納太陽，只好誇張地向右一路延伸，但是這樣很難看清楚，並比較它和其他超小行星之間的差異。因此，如果你只想知道太陽的半徑有多大，這張圖就符合所需；但如果你是對比較所有天體的大小感興趣，就不必費事了。

帶有對數尺度的點狀圖

　　有一種做法可以處理資料集的極端值，就是利用對數尺度（Log Scale）製圖。

　　請注意，對數尺度不能從0開始。（如果你從未看過對數尺度，先別擔心，我們將在第 14 章中詳加闡述。）因此，我們會使用點描繪數據，而不是傳統的長條圖和零基準線。

太陽系天體依照體積大小排列

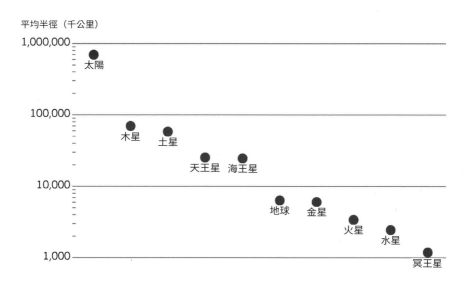

資料來源：Nimmo et al (2017)、Emilio et al (2012)、Seidelmann et al (2007)，維基百科。史密斯授權使用。

　　一旦你注意到，在這種圖表的縱軸上，每個刻度都是前一個數值的 10 倍，當然就能讓我們比較圖表上的所有天體，也就是從最大的太陽比到最小的冥王星。

　　使用對數尺度意味著，我們需要思考圖表的受眾。對一般讀者來說，可能需要多一點思考才能解讀這種圖表；在科學界，使用對數尺度是家常便飯，不會引起什麼騷動。在《金融時報》，我們當然也用對數尺度，卻很少只是為了純粹的**量的**比較。因此它是一種解決方案，但不見得是必要做法，我們應該優先考慮其他選項。

從歷史找靈感

　　處理圖表中極端值的差異不是新議題，而且已經在整個資料視覺化的歷史上，帶來一些極具創意的解決方案。

　　美國社會學家威廉‧愛德華‧伯嘉‧杜博依斯（William Edward Burghardt Du Bois）製作一系列出色的圖表，作為 1900 年巴黎博覽會（Paris Exposition）開創性貢獻的一部分。他創造許多十分搶眼的視覺作品，用以彰顯非裔美國人的進步，其中 11 號全頁插圖值得特別關注。

　　這張圖顯示生活在城市和鄉村環境中的美國黑人數量，它只描繪 4 個資料點，但是你極不可能再看到另一張類似的圖表。事實上，它看起來不太像圖表，反而比較像是現代藝術作品。

　　主色調紅色螺旋代表生活在「鄉間和村莊」的黑人，很可能最先吸引你的目光。不過，這或許不會讓你立刻把它和生活在城市的黑人（較小範圍的線段部分）做比較；你的首要挑戰是解碼美麗圖像的視覺外觀，然後再做比較。

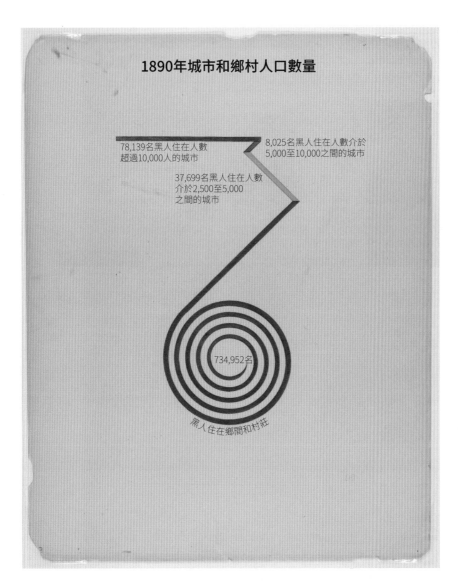

資料來源：國會圖書館（Library of Congress），參見 https://www.loc.gov/item/2013650430。

以下是依據杜博依斯所用的相同數字繪製的長條圖版本。

城市和鄉村人口數量

1890 年依照地區類型，劃分在喬治亞州的黑人或非裔美國人數量（單位：千人）

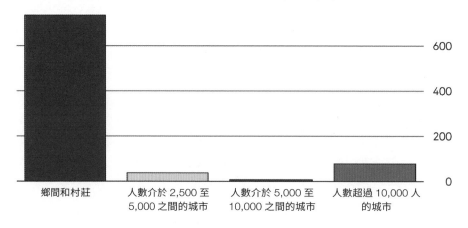

			600
			400
			200
			0
鄉間和村莊	人數介於 2,500 至 5,000 之間的城市	人數介於 5,000 至 10,000 之間的城市	人數超過 10,000 人 的城市

幾何圖形確實比原圖精確易懂，但是有可能讓你流連忘返地再三琢磨，或甚至想要裱框起來掛在藝廊嗎？我想大概不會。11 號全頁插圖的獨到之處有部分在於吸引力，但並非用來替代每一張誇張延伸、過度使用的長條圖。

蛇形圖（Snakeplot）

從 1912 年開始，一本英語字典提供更常規的實用解決方案。一系列圖表描繪全球貿易和全世界不同國家的生產數據，當該國的數值大到塞不進橫軸版面就折返，再從起點畫起，以至於會堆疊出好幾條橫列。在「世界各國咖啡產量」這一塊，請留意巴西的橫列多達 6 條，夏威夷的極短列卻沒有超出起點多少。

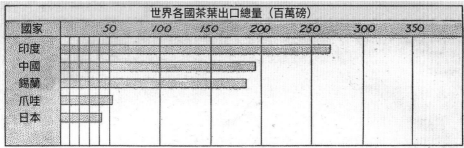

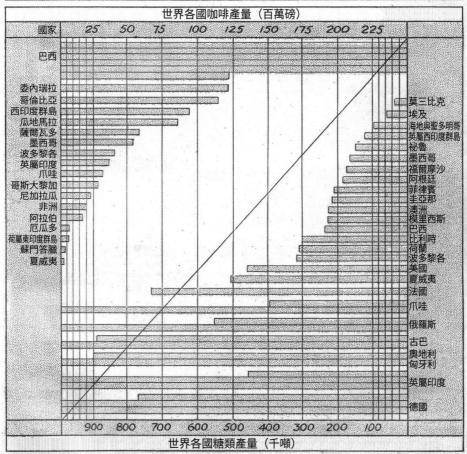

以下是一個簡單又聰明的解決方案，最近我們也用於《金融時報》。在這個例子裡，將自駕車排除人為干預的情況下可以行駛的距離視覺化，長條橫線代表行駛的道路里程數，堪稱對這些資料的完美視覺類比。

Waymo 的自駕車比其他無人駕駛汽車需要更少的人為介入，Uber 的自駕車則最需要

每次駕駛介入行駛的英里數*，2017 年 12 月至 2018 年 11 月

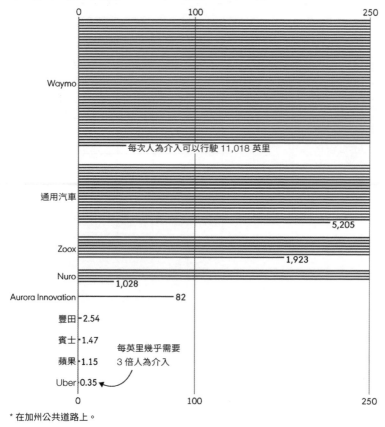

* 在加州公共道路上。

資料來源：加州車輛管理局（State of California Department of Motor Vehicles）。圖片：John Burn-Murdoch，收錄於 Richard Waters, Waymo builds big lead in self-driving car testing, *Financial Times*, February 24, 2019. 參見 https://www.ft.com/content/7c8e1d02-2ff2-11e9-8744-e7016697f225。

雖然這個解決方案別出心裁，但本質上還是長條圖，只不過稍微改頭換面，我們應該檢視其他類型的圖表，能否用來呈現極端大小的比較？

比例符號圖

這是我們查看鄰近天體的另一種視角，這次是用**比例符號圖**（Proportional Symbol Chart）表示量的比較。

比例符號圖使用面積這種平面空間屬性的符號顯示數量，雖然二維空間較難看清楚細微差異，但卻帶來空間效率的可觀優勢，還讓我們可以看到**相對**差異。最重要的是，在我們的太陽系例子中，可以比較冥王星、火星及水星的大小，也能看清楚它們和木星相比有多小，這是比長條圖更切題的顯著優勢。

這種圖表的巧妙之處是，我們不打算畫出顯示整顆太陽的大圓，而是只用到一部分外圓曲線，這樣就足以暗示它隱約可見的存在感，而讀者也可以自行從這部分的形狀推測出整個圓究竟有多大。這就是在無法使用長條圖的情況下，會派上用場的技巧，因為沒有相同的視覺捷徑，可以把簡化的形式呈現清楚——如果光是截斷軸線，不要從零出發是行不通的，這樣我們就得細讀一旁的標記才能看懂。

整體來說，比例符號圖遠比長條圖更搶眼，而且有助於橫跨整個數值範圍進行比較。這一點就證明，並非每一種**量的比較**都應該是長條圖或柱狀圖。

有些人可能會主張，這個例子是因為最終的視覺形式仿效天體的實物才會奏效。雖然行星是立體的球體，但是我們在本書和電視螢幕上，一向習慣描繪成平面的圓圈，所以用這種圖表才會占有優勢。

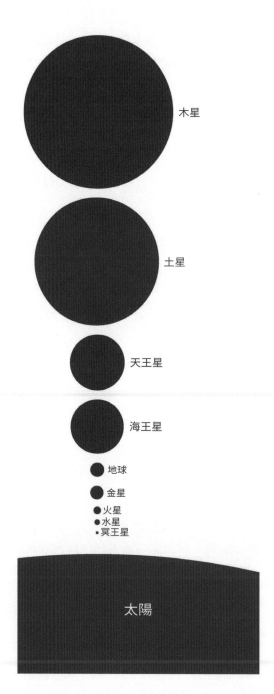

資料來源：Nimmo et al (2017)、Emilio et al (2012)、Seidelmann et al (2007)，維基百科。史密斯授權使用。

　　事實上，這項技術適用於諸多比較數量的用途。以下是採用同一種視覺化手法，表現不同全球大流行病（pandemic）和流行病（epidemic）死亡率的例子。

　　在這張圖像中，西班牙流感的角色就好比前述的太陽，超高的死亡總數隱約像是要遮蓋整張圖像。也要留意，在這張圖中比較面積大小比其他關係更重要，包括沒有顯示在圖上的**地理空間**資訊和**時間變化**，不過因為所有圓圈都是鬆散地按照時間排列，因此沒有畫出實質意義的時間軸。

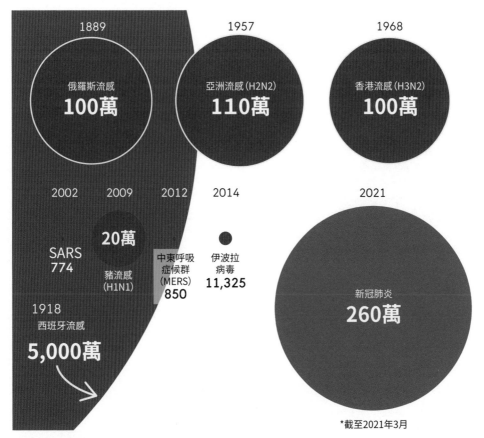

圖片：Liz Faunce，資料來源：馬里蘭大學、美國疾病管制與預防中心（Centers for Disease Control and Prevention, CDC），世界衛生組織（World Health Organization, WHO），約翰霍普金斯大學，收錄於 From plague to polio: how do pandemics end? 一文的數據，參見 https://www.ft.com/content/4eabdc7a-f8e1-48d5-9592-05441493f652。

以下是另一個例子，這次是比較不同個人生活方式產生的碳減排量。長條圖很難像這張圖一樣，讓我們可以比較 119 噸和 0.1 噸二氧化碳的差異。

本質上，這些比例符號圖的例子都依照規模大小或數據，依序排列出我們的資訊，但是圓圈組成型態也可以更精細，進而可能從視覺化辭典中導入更多的資料關係。

下一張圖表顯示新冠肺炎全球大流行初期最大的企業贏家，在 2020 年上半年，股票市值成長超過 10 億美元的企業中，科技業和醫療保健業特別突出。

素食主義者與汽車：環保的五十道陰影

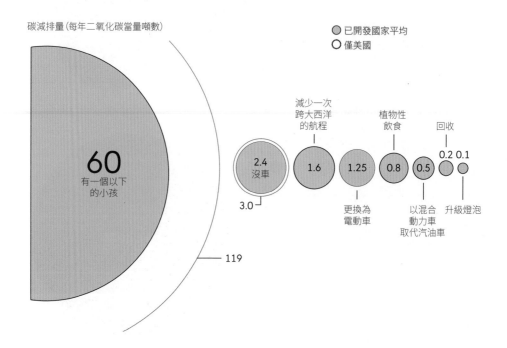

資料來源：環境研究通訊（Environmental Research Letters），收錄於 Vegans vs vehicles: 50 shades of green, *Financial Times*, November 16, 2018. 參見 https://www.ft.com/content/31d40402-e998-11e8-a34c-663b3f553b35。

　　這張圖使用我們所知的「圓形堆疊」（Circle Packing）排法，每個大圓圈就是一個市場區塊，納入代表企業的眾多小圓圈。這種設計安排意味著，我們還可以看到「**部分和整體**」的關係，每個產業的公司數量和規模，讓我們可以在跨產業與產業內進行比較。

大型科技公司引領股市贏家

依產業別區分，淨市值收益超過 10 億美元的公司。圓圈大小顯示 2020 年初至今 * 新增的市值，強調前一百大企業並標示前二十五家業界龍頭。

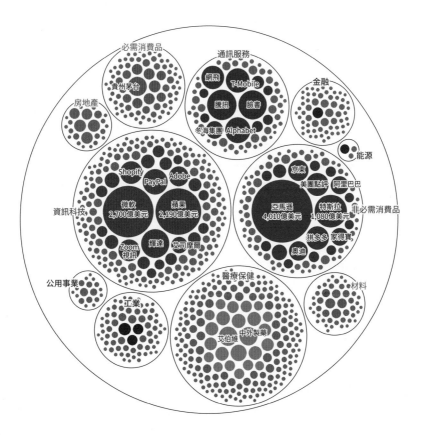

* 截至 2020 年 6 月 17 日。

資料來源：標準普爾 Capital IQ 平台，收錄於 Chris Nuttall, Tech prospers in the pandemic, *Financial Times*, June 19, 2020. 參見 https://www.ft.com/content/a157d303-01ac-4a9b-af2d-d6ffbc3593c2。

請留意，為了方便比較，每個產業圓圈內的公司都依照規模大小排序，就和產業本身排法一樣，最大的產業區塊安排在中心位置、最小的則在最外緣，透過這種和緩的**排序**有助理解。

這張圖也具備另一個勝過長條圖或柱狀圖的優勢：圖中有 800 多家公司，其中有 25 家被標記，因此以同樣大小的空間來說，圓形堆疊排列的空間效率，讓我們納入的資訊量遠遠超越傳統的長條圖或柱狀圖。

分組符號圖

另一個使用圓圈代表數量的例子是點。以下報導檢視美國前總統比爾·柯林頓（Bill Clinton）與妻子希拉蕊·柯林頓（Hillary Clinton）卸下公職後，收入如何驚人大漲。

我們在蒐集兩人的收入資訊時，有趣的現象出現在他們個別的演講收費。**分組符號圖**（Grouped Symbol Chart）的功用類似一般的長條圖，但讓我們可以凸顯，並特別標注成為這對夫妻收入來源一部分的某幾場個別演講。

請留意，除了傳統的橫軸已經附加在每一列下方外，副標題更加注讓我們可以解釋數量的重要資訊：

「每一點代表 25 萬美元。」

由 4 個點組成的每一直行代表 100 萬美元，直行點數固定一年比一年增加，可以很有效地顯示柯林頓夫妻**隨時間變化**的收入。

離職後過更好：柯林頓夫妻的收入步步高升

調整後的總收入（單位：百萬美元），每一點代表 25 萬美元。

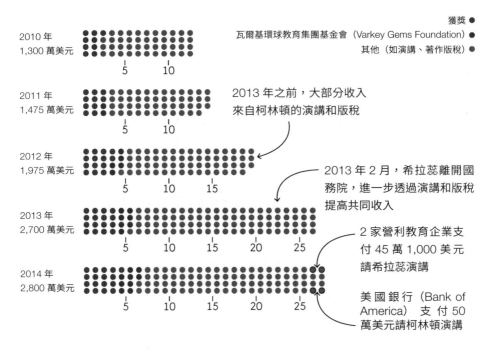

資料來源：金融時報研究、稅務網站 taxhistory.org；數據皆經過四捨五入到最接近 25 萬。收錄於 Gary Silverman, Hillary and Bill Clinton: The for-profit partnership, *Financial Times*, July 21, 2016. 參見 https://www.ft.com/content/83878190-4b64-11e6-88c5-db83e98a590a。

象形圖

　　我們的**分組符號圖**是一種象形圖（Pictogram）的形式，指的是重複使用小圖示來表現數量。這些是統計交流方法「國際文字圖像教育系統」（International system of typographic picture education, Isotype）不可或缺的一部分，在 1920 年代由奧地利社會學家奧圖・諾伊拉特（Otto Neurath），以及設計師赫爾德・昂茨（Gerd Arntz）、瑪莉・雷德邁斯特（Marie Reidemeister）發想而成。雷德邁斯特後來嫁給諾伊拉特，改從夫姓。

這些象形圖的影響力無與倫比，而且看起來似乎很精細複雜。以下圖為例，看看 1820 年至 1880 年英國的家庭和工廠紡織業。

英國的家庭和工廠紡織業

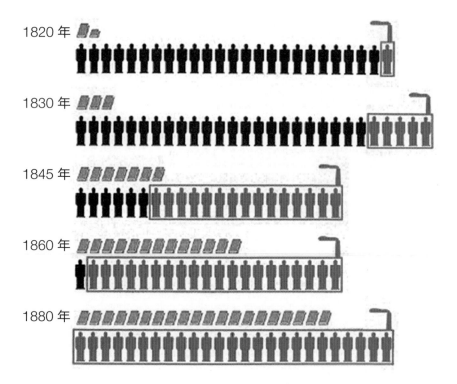

每個藍色符號代表 5,000 萬磅總產量
每個黑人符號代表 1 萬名家庭織布工
每個紅人符號代表 1 萬名工廠織布工

這張圖像顯示好幾種**量的比較**，關鍵點告訴我們，每個藍色符號代表 5,000 萬磅總產量，而不同顏色的人形圖示則分別代表 1 萬名家庭織布工和工廠織布工。不過稍加研究這張圖後，視覺化辭典中的其他關係很快就跟著出現。

　　除了**量的比較**以外，這張圖還對比家庭和工廠紡織業的不同比例，進一步描繪**部分和整體的關係**；也顯示這個比例如何**隨時間變化**，總產量從 1820 年不到 1 億磅，到了 1880 年增至 10 億磅。

　　象形圖與生俱來的力量在於，圖示本身的設計就會產生一種情感影響力，這是多數其他圖表類型不可能辦到的方式。請留意，紡織業圖中的紅人圖示怎麼被塞進冒煙的工廠，這一招視覺召喚就是英國藝術家威廉·布萊克（William Blake）所謂的「黑暗撒旦工廠」（dark Satanic mill）[3]。

　　雖然這是一種比較早期的資料視覺化形式，針對象形圖有效性的學術研究到最近仍相對很少，甚至很少人願意正式承認，這些圖像中使用的小畫像和更普遍的裝飾性「渣圖」（參見第 2 章的「內褲」圖）大不相同。

　　不過在 2015 年，資料視覺化研究人員史帝夫·哈洛茲（Steve Haroz）、羅伯特·柯薩拉（Robert Kosara）和史帝芬·佛蘭科奈瑞（Steven Franconeri），採用「象形文字」（即 Isotype 風格的象形圖）測試了工作記憶、表現及參與度。他們總結：「不必要的圖像會分散注意力，但是我們發現，當使用象形文字代表數據時，不會產生使用者成本，還會帶來一些有趣的好處。」最新研究結果表明，諾伊拉特夫妻和昂茨確實領先世界潮流 100 年[4]。

成對長條圖

　　當擴大長條圖以便容納兩個以上的序列時，就會變成**成對長條圖**（Paired Bar Chart）。每個類別都有許多長條圖，通常標示顏色加以區隔。以下的例子顯示，14 個國家認同全球氣候變遷和傳染病擴散是重大威脅的人口比例。

3　譯注：黑心工廠剝削勞工，類似現代的血汗工廠之意。

4　參見 https://research.tableau.com/sites/default/files/Haroz_CHI_2015.pdf

全球大多數人認為氣候變遷是重大威脅

視為對國家主要威脅的人數（%）

■ 全球氣候變遷　　■ 傳染病擴散

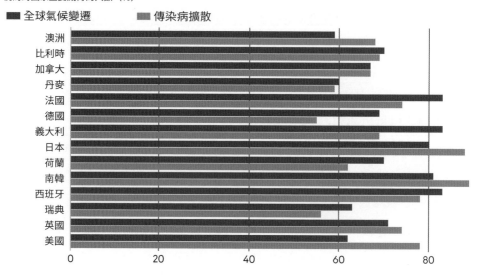

資料來源：皮尤研究中心，2020 年夏季全球態度調查（Summer 2020 Global Attitudes Survey），收錄於 Alan Smith, Climate change and disease at forefront of global anxieties, April 2, 2021. 參見 https://www.ft.com/content/f19afda4-d848-45ae-aebf-6c3e30737c8e。

　　我們知道如何閱讀基本的長條圖，所以就能確定，添加一個額外的序列不會真的帶來很多問題嗎？事實上，以過度使用的圖表類型來說，成對長條圖算是其中一種，特別的是它常常沒有被正確使用。

　　這張圖表是依照英文字母，而非數字大小的順序排列，反而刻劃出一連串鋸齒狀峰值，讓人很難從資料中看出什麼規律，但還不只是這樣。

　　試試看能不能順著高高低低的峰值，專心比較代表氣候變遷的深色長條？實際上真的很難，因為我們的視覺焦點會不斷被穿插其中的淺色長條打斷。

　　同樣地，比較個別國家的數值也很麻煩。我們必須在密密麻麻的矩形叢林中來回瀏覽，好挑出感興趣的數值。從最左邊的長條說明，一路看到想比較的最右邊終點，你很難確認視線會落在正確的成對長條上。

　　最後，檢視整體圖像，請留意圖表左側緊密排列的長條所拉出的平行線，會比長條最右邊終點更吸引你的視線，但其實後者才是我們對這張圖表最感興趣的部分。這張圖表大致上會讓人感覺不出數字有什麼差異。

重新審視點狀圖

　　那要採用什麼圖表比較這兩個序列才好？這次改用**點狀圖**（Dot Plot），這張圖表馬上變得比長條圖容易閱讀，讓我們花一點時間理解原因。

　　首先，看看圖徵符號（Symbology）如何變化。點狀圖使用的形狀都很小，在這個範例是用小圓點代表橫軸的數值。我們使用兩種不同的顏色，然後用直線串連頭尾，這樣有助於解讀。如果其中有兩個數值相同，好比加拿大，它們會被彼此掩蓋，因此我們可以將兩個小圓點分別向上和向下拉開一點距離，這樣就可以清楚看見了，底色變化也有助於閱讀整張圖表。

　　數據本身不再依據英文字母排列，而是依照桃紅色小點的數值大小排列，也就是那些相信傳染病擴散是重大威脅的受訪者。結合較清晰的圖徵符號，才能更容易比較。

　　請注意，現在美國如何脫穎而出：當地關注氣候變遷的比率遠低於傳染病擴散。兩者相差大約 16 個百分點，是整張圖表中「關注度差距」最大的代表。我們很難從成對長條圖看出這一點。同樣地，義大利也很引人注目，較多當地人相信，氣候變遷比傳染病擴散更稱得上是重大威脅。

全球大多數人認為氣候變遷是重大威脅

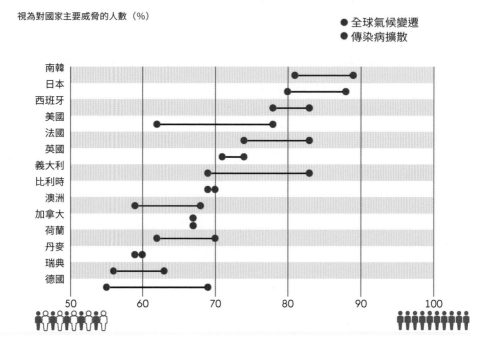

視為對國家主要威脅的人數（%）

● 全球氣候變遷
● 傳染病擴散

資料來源：皮尤研究中心，2020 年夏季全球態度調查，收錄於 Alan Smith, Climate change and disease at forefront of global anxieties, April 2, 2021. 參見 https://www.ft.com/content/f19afda4-d848-45ae-aebf-6c3e30737c8e。

現在跨國比較也更容易，我們的目光順著圖表中的桃紅色或藍色小點上上下下，遠比來來回回掃視長條圖的峰值容易。

最後請留意，圖表中的橫軸不是從 0 開始，這是因為我們已經放大資料範圍。可靠的象形圖協助我們理解，並比較相關的各種比率。這張圖表是從代表半數受訪者的 50% 起跳，最右邊則是如果每個人都同意某件事將構成威脅的話，國家會有的立場。

把數量「畫」出來

　　插圖是用來達成加強吸引力和比較規模的功能性目的，但它的力量並不受限於象形圖本身。我們可以將它和過度使用、不受歡迎的長條圖結合在一起，為它注入全新活力。

　　在比較紅杉高度的圖表中，使用插圖不僅更加搶眼，還讓讀者不需要閱讀文字，就能理解正在比較的對象，這招用在容易識別的形狀（如知名地標）時特別有用。

強大的紅杉：世界上最大的樹

高度（英尺）

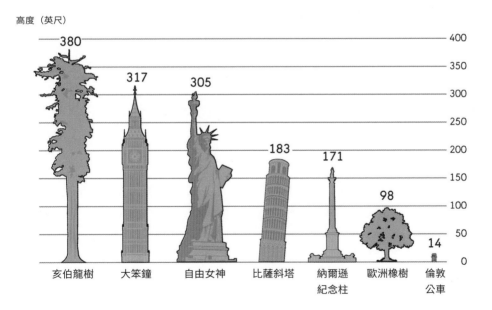

圖片：Paul McCallum，資料來源：金融時報研究、Dreamstime，收錄於 Hugh Carnegy, Wish I were there: the glory of California's redwoods, Financial Times, October 21, 2020. 參見 https://www.ft.com/content/0cd7146c-374a-4240-8a02-a5b3fabd98d0。

強大的紅杉：世界上最大的樹

高度（英尺）

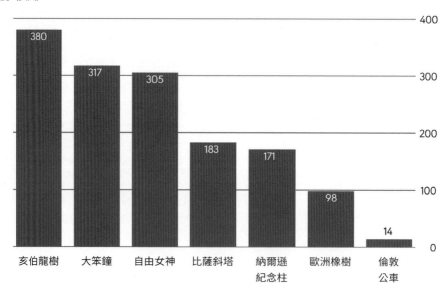

圖片：Paul McCallum，資料來源：金融時報研究、Dreamstime ，收錄於 Hugh Carnegy, Wish I were there: the glory of California's redwoods, Financial Times, October 21, 2020. 參見 https://www.ft.com/content/0cd7146c-374a-4240-8a02-a5b3fabd98d0。

　　使用插圖就和象形圖一樣不會搞成渣圖，因為有助於我們理解數據，而非分散注意力。簡單長條圖反而會剝奪審美樂趣，導致過眼即忘。

　　最後這張圖光是透過標題**飛沫可以噴多遠**，就顯示是在做**量的比較**。再次聲明，插圖可以為原本只有 3 個數字的簡單長條圖提供強大力量。在淺色背景上放上一個人形剪影，再加上超大的飛沫噴濺圖，極具說服力地解釋，為何打噴嚏比咳嗽更可能讓你變成所有人側目的對象。

飛沫可以噴多遠

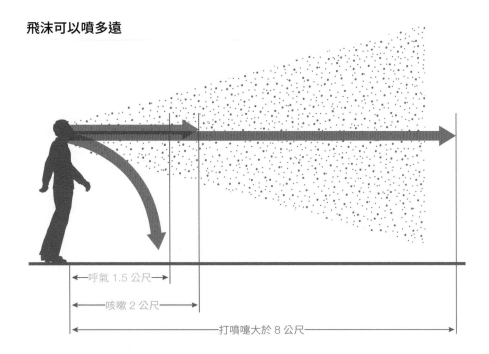

圖片：Graham Parrish，資料來源：MIT、金融時報研究，收錄於 Michael Peel, Lifesaver or false protection: do face masks stop coronavirus?, *Financial Times*, April 3, 2020. 參見 https://www.ft.com/content/64ac8848-a005-466a-bc93-fb1e38b19182。

第5章

強調趨勢變化的圖表，可以是短至 1 天內的變動，也可以是歷經數十年或幾個世紀的延伸序列；就提供讀者合適的脈絡來說，選擇正確的時段很重要。

無論用任何一種標準來看，普萊菲爾的人生都堪稱與眾不同。他在 1823 年去世後幾乎就被遺忘，但是美國軍事歷史作家布魯斯·伯克維茲（Bruce Berkowitz）在幾年前出版他的精彩傳記，鉅細靡遺地描繪一段他相當不平凡的人生，再次引發世人對這個蘇格蘭人的興趣：在擔任知名工程師的製圖員時，參與攻占巴士底（Bastille）監獄的行動；策劃偽造行動的政治經濟學家和祕密特工；因為欠債而鋃鐺入獄，同時也發明折線圖、長條圖和圓餅圖。

1786 年，普萊菲爾出版《商業與政治圖集》，向世人介紹折線圖，這本書為當今公認的現代資料視覺化揭開序幕。

普萊菲爾在描述他的新圖表有何好處時寫道，它們結合「比例、級數和數量，全都統合在一種簡單的視覺印象下，由此便形成一種記憶行為。」檢視下方這張從圖集中擷取出來的例子，它清晰、優美地呈現出 18 世紀英國與丹麥及挪威之間時有變化的貿易模式，很難不同意他的說法。

1700 年至 1780 年從丹麥與挪威的進出口情況

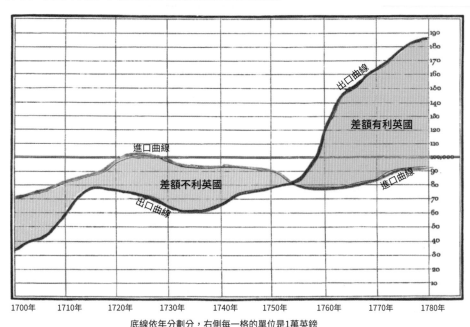

底線依年分劃分，右側每一格的單位是1萬英鎊

　　普萊菲爾作品的卓越之處在於禁得起時間考驗，現代讀者很熟悉他的折線圖，它們的基本設計自首次問世後 200 多年，仍在日常中使用，本質上沒有變化。

　　橫向的 x 軸從左到右顯示時間進程，而縱向的 y 軸則代表可測量的數量。圖表中繪製一條或多條直線，每一條都代表一個資料「序列」，也就是追蹤隨時間變化的測量值。

　　普萊菲爾或許稱不上最有天分的繪圖員，他身為促成工業革命的蘇格蘭工程師詹姆士・瓦特（James Watt）的年輕助手，但是尊敬的雇主並未給予高度評價。不過出色的設計細節意味著，他的折線圖依舊可以說，遠比當今多數後人繪製的產物更優雅、可讀性更高。

首先，普萊菲爾的圖表上沒有圖例，反而都是直接標記所有線條，文字緊跟著一路展開的數據起伏，因此數字代表的意義沒有模糊地帶，這一點大幅減輕讀者工作記憶的負擔。

其次，請留意，儘管圖形似乎只顯示進口與出口兩個變數，但是普萊菲爾在兩條線之間使用文字和色塊，凸顯出重要的第三個變數：貿易差額，以及它是否有利英國或丹麥／挪威。

選舉凸顯了兩黨在緊縮政策上的分歧

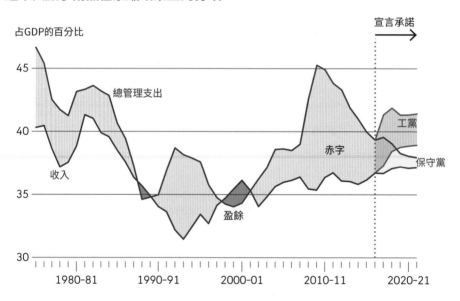

資料來源：國際金融統計資料庫（IFS），收錄於 Gemma Tetlow, Jim Pickard and George Parker, Tories seek wriggle room on spending as Hammond sticks to austerity, June 21, 2017. 參見 https://www.ft.com/content/5d94202c-55c9-11e7-80b6-9bfa4c1f83d2 。

這兩種技巧在《金融時報》的新聞編輯部中仍然十分有用。在接下來的例子中，著色部分代表我們可以很快發現英國政府的財政盈餘和赤字，效果很像普萊菲爾的貿易圖表。同樣地，在 2017 年英國大選的圖表添加彩色線條

和色塊，有利顯示選舉宣言承諾，讓我們一目瞭然兩黨未來幾年的計畫對比：保守黨（Conservative Party）設定要減少支出，以便削減赤字；但工黨（Labour Party）則是同時提高支出和收入，也擴大總體赤字。

你可能會期待，一張比較英國及七大工業國（G7）成員經濟表現的折線圖會畫出 7 條線，不過以普萊菲爾為靈感的做法，可以讓我們降低複雜性。

我們沒有畫出全部國家的所有數據，只標示出 G7 經濟表現中最高和最低的國家，並使用色塊凸顯中間的落差；只加入英國的個別表現，彰顯它在背景中迴旋曲折地前進。在脫歐公投登場前幾年，英國表現強勁，已經達到或相當接近 G7 成長率最高值，不過公投過關後很快就生變。

命運逆轉：
脫歐公投以來，相較於其他 G7 成員國的強勁成長已放緩

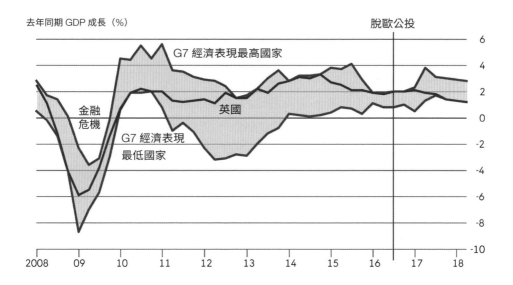

圖片：Alan Smith、Chris Giles，來源：國際貨幣基金（International Monetary Fund, IMF），收錄於 Chris Giles, The UK economy since the Brexit vote — in 6 charts, *Financial Times*, October 11, 2018. 參見 https://www.ft.com/content/cf51e840-7147-11e7-93ff-99f383b09ff9。

延伸折線圖

在圖表世界裡，折線圖依舊是「舉足輕重的要角」，因為我們會對數據感興趣，很大程度上是取決於它如何隨時間變化，一般來說，這是非常適合折線圖的任務。

然而在某些情況下，折線圖需要一些額外做法，才能完整傳達序列資料中的訊息。下方例子顯示，折線圖可以如何被調整、修改，或甚至完全替換成不同的圖表類型，以便更充分理解世界的變化多端。

縮放細節

有時候我們最想關注的圖表部分只占整張圖像的一小塊，但是裁剪整張圖表，只單獨顯示有趣的這一小塊，又會遺漏同樣有價值的其他脈絡。在這種情形下，完善的解決方案就是在全時序列中嵌入圖表，同時將主要圖表區域當作細節說明。

這張圖表的主要部分顯示出，金融危機以來英國政府的債務激增，新冠肺炎疫情肆虐更是雪上加霜。債務占國內生產毛額比率已經超過 100%，這麼高的水準看似前所未有，而且只是最近數十年間發生的事。不過左側這個《金融時報》新聞編輯部稱為「Cocco 超級放大鏡」（Cocco loupe）的嵌入圖透露，其實還有一些上升的空間，最多還可以提高到和兩次世界大戰期間與之後的數字相提並論。

英國政府債務飆升至 55 年來新高

淨債務占 GDP 的百分比

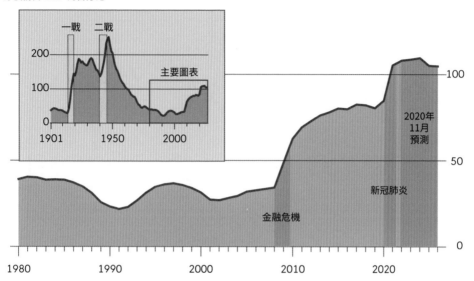

資料來源：英國預算責任辦公室、金融時報計算結果，收錄於 Chris Giles, Chancellor navigates fragile UK public finances, *Financial Times*, March 2, 2021. 參見 https://www.ft.com/content/0e48c8ab-e3b4-404f-8776-d9a42df27ce1。

處理負數

　　一旦我們繪製的數據落在 0 的任何一側，折線圖就可能會有問題。通常，就像這張英國過去 70 年經濟表現的圖表一樣，我們對成長與緊縮同樣感興趣，想知道兩個數值彼此之間的差異。

　　以下這張英國國內生產毛額的圖表沒有畫錯，不過儘管我們已經把 0 基線畫得比其他軸線更明顯，卻依舊未能顯著強調想要凸顯的重要經濟緊縮。

英國 2020 年 GDP 降幅為有史以來最大

年度百分比變化

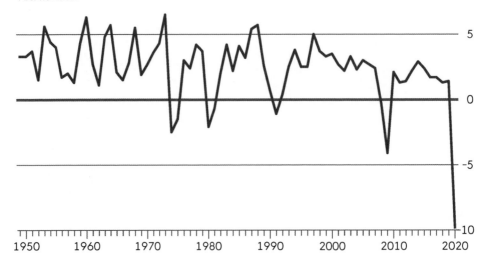

資料來源：英國國家統計局，史密斯授權使用。

盈餘／赤字填充折線圖

　　盈餘／赤字填充折線圖（Surplus/Deficit Filled Line Chart）指的是，用顏色把 0 基線上、下兩條線之間的空間著色填滿。這種做法一樣是受到普萊菲爾影響，讓我們可以更清楚看出國內生產毛額緊縮的幅度。

英國 2020 年 GDP 降幅為有史以來最大

年度百分比變化

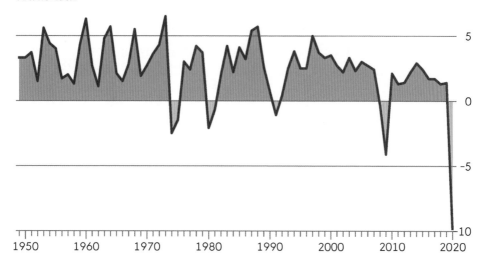

資料來源：英國國家統計局，史密斯授權使用。

分向柱狀圖

在這個例子中，一個更好的解決方案就是使用柱狀來呈現資料，它們會把讀者的目光導向緊縮部分，尤其是以醒目的顏色強調。請留意，閱讀並比較各個年分之間的數值，變得比盈餘／赤字填充折線圖更容易。

然而，將時間序列資料套用在柱狀圖，是一項需要謹慎使用的技術。數據應該相對稀疏，如果是在時間軸上列出每一季而非每一年，長條就會變得太細；而且資料序列少一點較好（最理想的情況是只要一組）。

舉個反例說明：多數讀者會發現，這張歐洲製造業和服務業活動的圖表

英國 2020 年 GDP 降幅為有紀錄以來最大

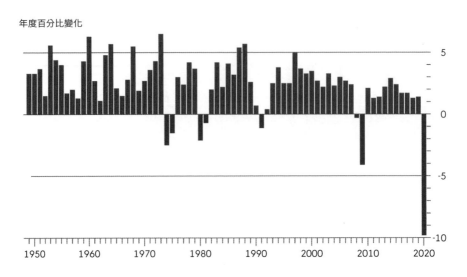

資料來源：英國國家統計局，史密斯授權使用。

隨著製造業創紀錄的繁榮，歐元區擴張步伐加快

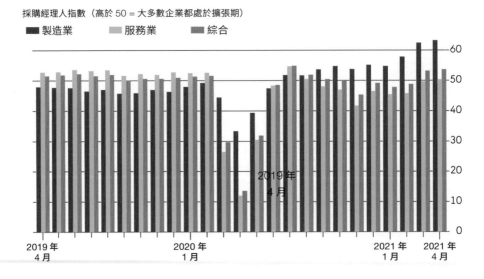

資料來源：IHS Markit，收錄於 Valentina Romei, UK services activity grows at fastest pace in over six years. 參見 https://www.ft.com/content/b254833a-27c9-482c-8492-4b63571e57ee#o-topper。

難以閱讀。長條本身就有三個序列，都在爭奪讀者的注意力，想要聚焦任何一個序列，弄清楚它如何隨時間變化極為困難。

時間旅行

我們偶爾可能想要比較不同時期發生的事，有時候很容易，像是比較1980 年代以來的金融「泡沫」。

在時間軸上，多數金融「泡沫」（折線處）都整齊落在自己出場的時空背景中，我們只需要加上直接的說明、塗上顏色，就可以繪製出看得懂的圖表。不過，若是我們想要比較的事件相隔甚遠，以至於無法直接在同一個時間軸上比較，又該怎麼辦？

比特幣：「泡沫之母」？

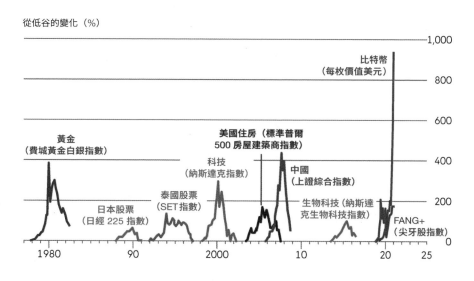

資料來源：BofA Global Investment Strategy、彭博，收錄於 Eva Szalay, Bitcoin's wild ride leaves traditional money managers queasy, *Financial Times*, January 13, 2021. 參見 https://www.ft.com/content/0746e3c6-9177-4fcd-91bb-e427aa9f9267。

小而多的時間軸

答案是，如同在不同時代進行能源來源的比較，把這張圖表分割成許多不同的時間軸，就可以消除想要比較事件之間的差距。

我們不用將數據完全拆分到不同的圖表，而是保留單一的 y 軸（即縱軸）以便統一做比較，就得以看清楚天然氣峰值在比例上低於石油峰值，而石油峰值又在比例上低於煤炭峰值。位於低點的那個小點是現代可再生能源，讓我們看清楚，如果想邁入綠能的未來還需要多大的進展。

1840 年至今的能源發展史

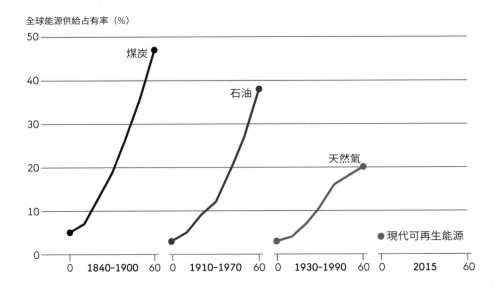

全球能源供給占有率（%）

資料來源：Vaclav Simil, *Energy Transitions*，收錄於 Bill Gates, Bill Gates: My green manifesto, *Financial Times*, Febraury 19, 2021. 參見 https://www.ft.com/content/c11bb885-1274-4677-ba05-fcbac67dc808。圖片：Steven Bernard。

呈現未來預測

　　事實上，光是理解尚未發生的數據就是獨特的挑戰。預測讓我們看到邁向未來有不同的途徑，這又是另一個普萊菲爾風格的著色手法派得上用場的地方。在這張受到新冠肺炎衝擊後可能的幾種經濟復甦型態圖表裡，英國預算責任辦公室（Office for Budget Responsibility, OBR）預測的樂觀情境和悲觀情境之間落差被著上顏色，中央預測則是用桃紅色表示。疫情爆發前，2020 年 3 月預測和 2020 年的實際數據也同樣被標示出來，為疫情可能帶來的長期經濟衝擊提供寶貴的背景資訊。

新冠肺炎對英國的經濟影響將持續到這 10 年

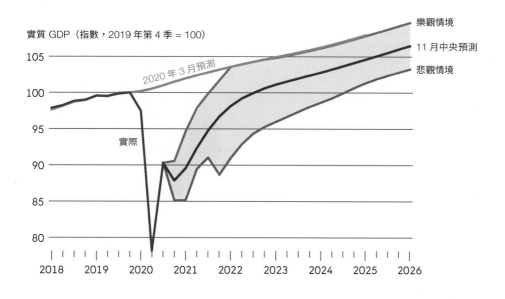

資料來源：英國預算責任辦公室、英國國家統計局，收錄在 Gordon Smith, Jennifer Creery and Emily Goldberg, FirstFT: Today's top stories, *Financial Times*, November 26, 2020. 參見 https://www.ft.com/content/825c7489-8f9b-4230-b326-97eb6b70f995。

扇形圖

　　預測的一大特點是先天就帶有不確定性，這往往是我們在視覺化時需要納入考量的地方。**扇形圖**（Fan Chart）利用高低不同的波形，代表較大和較小的機率。

　　在這張通貨膨脹預測圖中，各種顏色的波段涵蓋 90% 的機率，對理解未來可能發生什麼事的細微差別而言，這是很管用的做法，特別是因為人類感知風險和機率的能力顯然很有問題，亟需它提供所有幫助。

測量問題可能使預測通貨膨脹變得更加困難

消費者物價指數和 2021 年 2 月預測（與前一年比較的百分比變化）

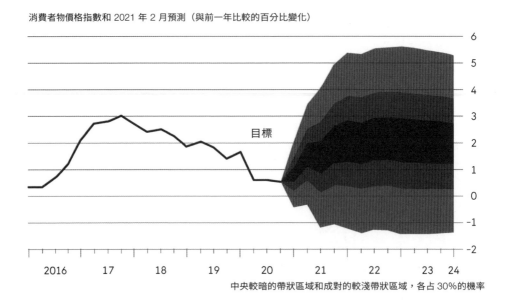

中央較暗的帶狀區域和成對的較淺帶狀區域，各占 30% 的機率

資料來源：英格蘭銀行（Bank of England），收錄於 Delphine Strauss, Why the UK inflation risk after lockdown is hard to assess, *Financial Times*, March 15, 2021. 參見 https://www.ft.com/content/6925a0bb-f233-4a86-8556-6d03dee23dc0。

刺蝟圖

在許多情況下，中央預測會失準，也值得身為圖表讀者的我們謹記在心。歷史紀錄顯示，英國預算責任辦公室過度樂觀預測英國的生產力，這張刺蝟圖算是開了一個小玩笑。

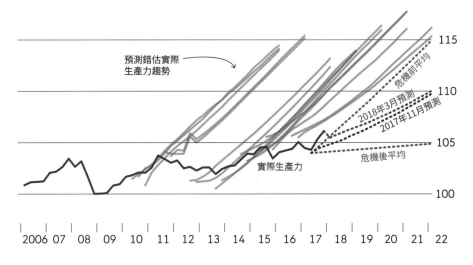

11 月英國預算責任辦公室徹底改變其生產力展望
每小時產量（非石油），實際結果和連續預測（2009 年第 1 季 = 100）

資料來源：英國預算責任辦公室，收錄於 Delphine Strauss, Why the UK inflation risk after Uckdown is hard to assess, *Financial Times*, March 15, 2021.　參 見 https://www.ft.com/content/6925a0bb-f233-4a86-8556-6d03dee23dc0。

垂直時間軸

使用資訊的方式日新月異，舉例來說，在行動裝置上閱讀圖表的人口比以往任何時候都還多，通常會以直向螢幕觀看。傳統折線圖的時間軸都是從左往右延伸，這意味行動裝置螢幕的最窄部分通常用於顯示整個時間軸，一旦我們想要強調並描述圖表上的資料點，就會產生問題。

AlphaZero 的人工智慧僅用 4 小時，就超越西洋棋電腦數十年的發展

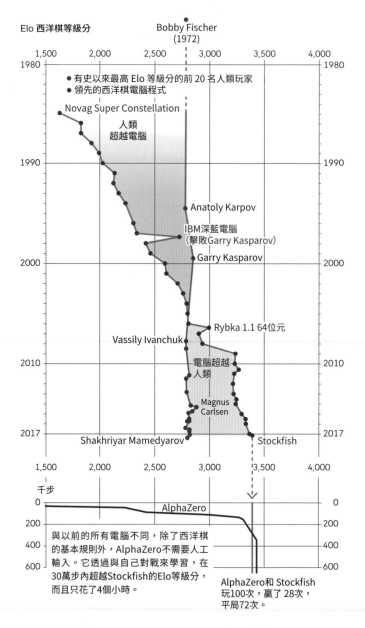

資料來源：電子前哨基金會（Electronic Frontier Foundation）、維基百科、DeepMind，收錄於 Tim Harford, A year in charts: From bitcoin to Trump and chess playing robots, *Financial Times*, December18, 2017. 參見 https://www.ft.com/content/7020a6e4-e4e3-11e7-8b99-0191e45377ec。

　　不過有一個妥善的解決方案，就是旋轉 90 度重新定向折線圖，即可建立**垂直時間軸**（vertical timeline）。

　　上述例子取自 2017 年刊登在《金融時報》的一篇文章，作者是我的同事哈福特，它顯示兩套資料序列：一套是依據國際棋界技能評分系統 Elo 排名的全球最佳專業棋手；另一套則是他們日益精密複雜的軟體對手。這是人類對弈電腦的迷人故事，理當獲得廣泛評論，最後則以英國人工智慧公司 DeepMind 的軟體 AlphaZero 的非凡故事寫下結局，這套軟體只花 4 小時就超越國際西洋棋的整段歷史。

　　創造更長的垂直時間軸，提供資料生存的空間，得以無限垂直延伸，做出完美契合現代智慧型手機的圖表類型。

動畫時間

　　另一種在數位螢幕上展示時間序列的技術是動畫，畢竟應用時間來表示時間是很合乎邏輯的做法。它和無法保留整條時間軸的圖表一起使用，是一種非常合適的技術，好比極具代表性的殖利率曲線，這種顯示不同期限政府債券的圖表。分析師應用它的同名曲線估量市場預期，還有一些人建議，它甚至可能有助於預測經濟衰退。

如何解讀殖利率曲線

該曲線顯示了不同政府債券的殖利率，按到期日排序

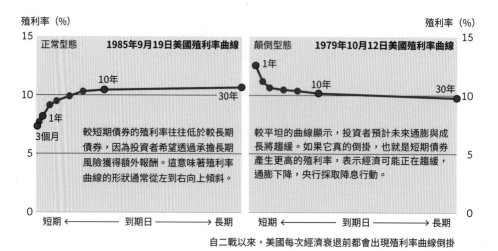

資料來源：美國財政部，收錄於 Alan Smith, Sonification: turning the yield curve into music, *Financial Times*, March 15, 2019. 參見 https://www.ft.com/content/80269930-40c3-11e9-b896-fe36ec32aece。

下方的「電影膠片」圖顯示摘錄自 3 分鐘動畫的一些片段，用以表現美國殖利率曲線在一段 30 年期間的每日走勢。

動畫有一個問題就是，一旦資料變化非常迅速，讀者就很難記住殖利率曲線變化過程中的關鍵時刻。請留意，除了第一張圖表並未標示 2017 年 9 月 20 日的灰色「記憶線」外，其餘圖表都有，讓我們直接比較不同時間點的殖利率曲線，而它本身就是一種隨時間變化的視覺化手法。

這套動畫的最終線上版本，還另外加入「資料聽覺化」（data sonification）這種激進元素，也就是應用資料為動畫產生音樂伴奏[5]。這是一種新崛起的搶眼技術，可以讓資料呈現很容易就接觸到廣泛受眾，好比視障人士或智慧音箱這類越來越多的無螢幕裝置，以及播客（podcast）這類產品。

5　https://www.youtube.com/watch?v=NbiX2SSes40.

美國殖利率曲線

國債殖利率（%）

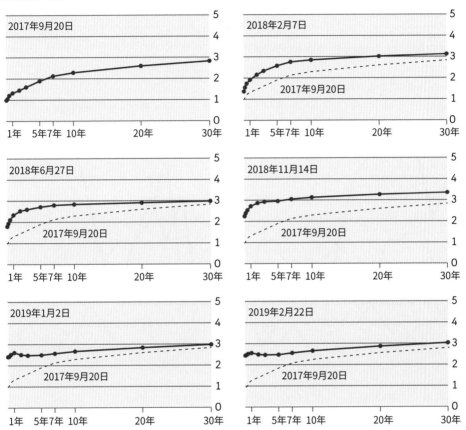

資料來源：美國財政部，收錄於 Alan Smith, Sonification: turning the yield curve into music, March 15, 2019. 參見 https://www.ft.com/content/80269930-40c3-11e9-b896-fe36ec32aece。

如何避免畫出「一坨麵條」

　　折線圖有一個常見問題就是，太多線條重疊會變成「一坨麵條」。舉下方這張英格蘭足球超級聯賽（English Premier League，簡稱英超）球衣贊助模式變化的草圖為例，9 條鋸齒狀的線條造成嚴重問題，即使笨拙地塗上顏

色、變化線條形態,依舊無法亡羊補牢。我們可能要求讀者研究一下,而他們要是真的這麼做了,就值得獲頒獎章!

英超俱樂部轉向讓博弈業者贊助球衣

1992–2020 球衣贊助商,按產業分類

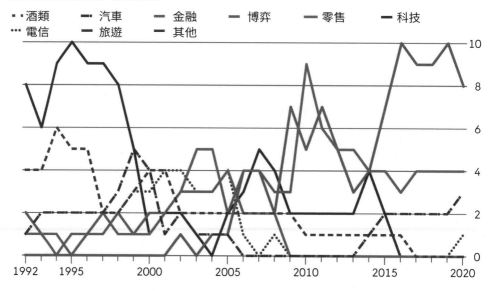

資料來源:金融時報研究,收錄於 Patrick Mathurin, Premier League shirt sponsorship shifts with the times, *Financial Times*, August 11, 2018. 參見 https://www.ft.com/content/61f3c8fc-9c86-11e8-9702-5946bae86e6d。

　　一個簡單有效的解決方案,可能是改用某種視覺層次的手法。看看下面這張 2021 年 4 月印度致命新冠肺炎激增的走勢圖,用不同顏色強調國家,並加以標記。

　　與此同時,圖表中多數線條全都省略國名、標示灰色,並壓在底層。你可能會納悶,那為什麼還要費事地放上它們?答案是把所有全球資料放入圖表才有價值,只放幾個國家則看不出意義。灰線一般代表死亡率較低的國家,

將印度驟升的死亡人數，連同美國當年早期衝上高峰的數值，放在鮮明的背景中對比。

印度毀滅性的第二波新冠疫情

全球新冠肺炎死亡人數 7 日滾動平均值，每條線代表一個國家

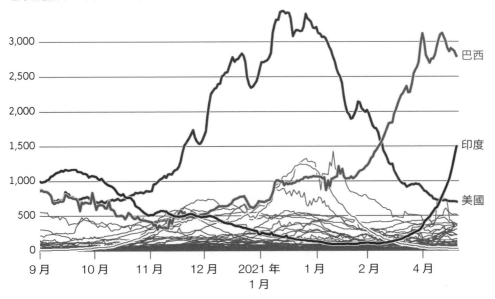

資料來源：金融時報新冠疫情追蹤 ft.com/covid19，收錄於 Benjamin Parkin, Jyotsna Singh and Stephanie Findlay, India's devastating second wave: 'It is much worse this time', *Financial Times*, April 21, 2021. 參見 https://www.ft.com/content/683914a3-134f-40b6-989b-21e0ba1dc403

坡度圖

不過如果我們想知道圖表上所有線條代表的名稱，又要怎麼辦？在某些情況下，我們可以捨棄一些時間序列資料的細節，這樣會產生非常有用的效果。

10 年來初等教育的參與率發生怎樣的變化

調整後的淨入學率 (%)

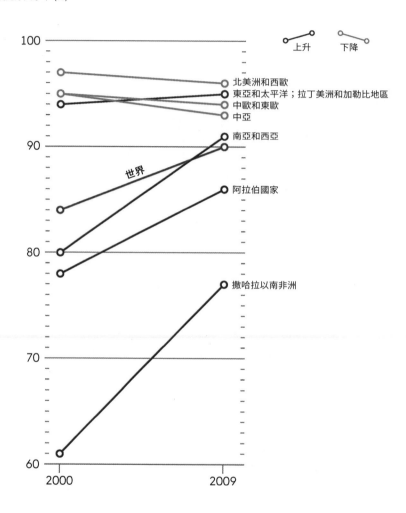

資料來源：Statistical Annex、聯合國教科文組織統計研究所（UIS），2011 年史密斯授權使用。

　　坡度圖（Slope Chart）讓我們可以標示每一條線，把時間軸截短成只有頭、尾兩個點，分別代表「之前」和「之後」。它們可以非常有效地凸顯對比，就像這張 10 年末的初等教育參與率變化總結所示。

　　請留意，顏色明確凸顯線條的升降趨勢，讓我們可以清楚看見，南亞和西亞設法將參與率提高 10 個百分點以上，以便縮小與全球頂尖地區的差距，因此在這段期間超越全球平均水準。

日曆熱圖

　　另一種處理「一坨麵條問題」的做法，就是完全避免使用線條。這張描繪政治權利指數的**日曆熱圖**（Calendar Heatmap），採用具有不同色調的連續矩形，以便傳達後蘇聯時代國家的得分趨勢，肯定會比畫上 15 條線的折線圖更容易看懂。

後蘇聯時代

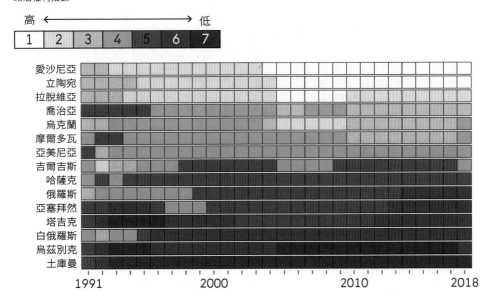

資料來源：Gapminder.

　　然而有一點很重要，請明瞭必須有所取捨。相較於折線圖，熱圖（Heatmap）會讓讀者更難量化資料中的個別分數，最適合用來展示「分組」資料，也就是已根據更廣泛的間隔進行分組的連續資料，或是簡單的指數，好比這裡的政治權利指數，其中包含有限範圍的整數（非負整數）。

新冠疫情後，風險較低的系列電影更有可能吸引金融家

每年上映的前五十名電影

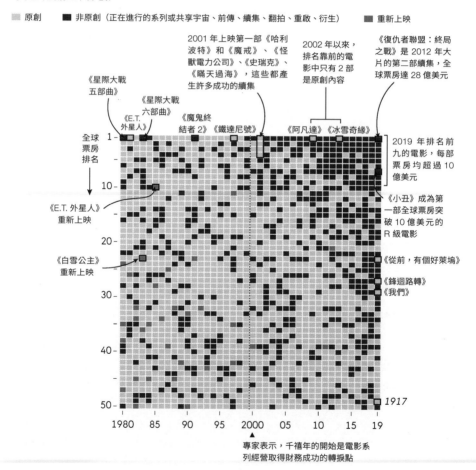

金融時報視覺化新聞，Chris Campbell and Patrick Mathurin。資料來源：Box Office Mojo、MDB、金融時報研究，收錄於 Alex Barker, The Unhinged bet to jump-start the movie business, *Financial Times*, June 16, 2020. 參見 https://www.ft.com/content/e68ec86c-cfe8-4d54-996d-da876b4a285c。

在正確的情況下，日曆熱圖可以讓時間序列資料更清晰。我們的政治權利圖表得益於橫列被組織成廣泛的分數**排名**；政治權利得分較高的國家在上，最低的國家則在下。這種做法讓我們可以看到常見模式，舉例來說，可以看到 1990 年代和 2000 年代初，許多國家的政治權利增加，顏色也變淡了，但是也有不少國家在後來幾年改弦易轍，因為顏色變深了。

日曆熱圖也可以呈現類別之間隨時間變化產生的差異，如 39 年來 1950 部電影中的前 50 名，並簡單標示它是原創作品，或是某種續集／前傳／翻拍或重啟作品，以便顯示電影產業的重要**趨勢**，也就是系列電影及周邊商品崛起。有一個明確的模式出現，就是若以擠進排行榜的數量來看，原創作品正在減少。

K 線圖

以趨勢圖表來說，**K 線圖**（Candlestick Chart）是一種非常特殊的類型，讓人驚訝的是它十分古老 [6]，最早是用來表示股票、貨幣和其他金融市場數據價值的連續變化。最常見的用法是，每根「燭台」都是描繪一整天的交易，卻可以用在反映更長的時段。它們對金融分析師特別有用的原因在於，既可以是任何特定日期的詳細內容來源，也可以借鑑更廣泛的損益序列，反映出市場情緒。

6　美國財經作家史蒂夫・尼森（Steve Nison）協助讓 K 線圖在現代普遍使用，他的研究顯示，這種圖表源於 19 世紀的日本。

蘋果股價進入修正

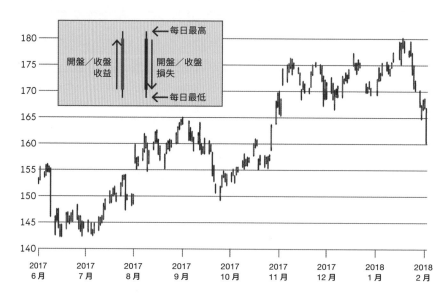

資料來源：彭博，收錄於 Apple slides into a correction after iPhone sales disappoint. 參見 https://www.ft.com/content/f1c3e2e0-0853-11e8-9650-9c0ad2d7c5b5。

圓圈時間軸

圓圈時間軸（Circle Timeline）是展示不連貫事件，而非連續資料的有效做法，在圖表想要呈現的資料涵蓋一連串量的比較時格外適用。它可能最適合用來表現如地震和颱風這類環境資料，但也同樣適用於重大併購案這類關鍵的金融與商業事件。

連接散布圖

這種圖表讓我們把時間序列帶入**相關性**的繪圖情境中。由於它們的走勢左彎右拐，也被稱為「蝸牛軌跡圖」（Snail Trail Chart），以便將兩個採用不同測量單位的變數，視覺化呈現它如何時間變化。

私人企業取代了英國北海的石油巨頭

英國北海交易，按買家類別分類。圓圈大小表示交易價值

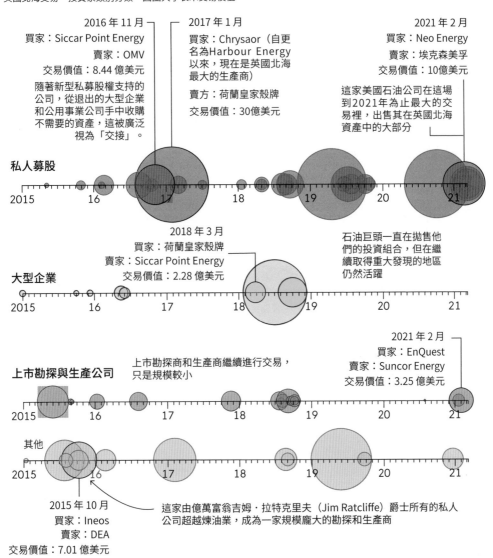

2016 年 11 月
買家：Siccar Point Energy
賣家：OMV
交易價值：8.44 億美元
隨著新型私募股權支持的公司，從退出的大型企業和公用事業公司手中收購不需要的資產，這被廣泛視為「交接」。

2017 年 1 月
買家：Chrysaor（自更名為Harbour Energy以來，現在是英國北海最大的生產商）
賣方：荷蘭皇家殼牌
交易價值：30億美元

2021 年 2 月
買家：Neo Energy
賣家：埃克森美孚
交易價值：10億美元
這家美國石油公司在這場到2021年為止最大的交易裡，出售其在英國北海資產中的大部分

私人募股

2018 年 3 月
買家：荷蘭皇家殼牌
賣家：Siccar Point Energy
交易價值：2.28 億美元

大型企業

石油巨頭一直在拋售他們的投資組合，但在繼續取得重大發現的地區仍然活躍

2021 年 2 月
買家：EnQuest
賣家：Suncor Energy
交易價值：3.25 億美元

上市勘探與生產公司

上市勘探商和生產商繼續進行交易，只是規模較小

其他

2015 年 10 月
買家：Ineos
賣家：DEA
交易價值：7.01 億美元

這家由億萬富翁吉姆・拉特克里夫（Jim Ratcliffe）爵士所有的私人公司超越煉油業，成為一家規模龐大的勘探和生產商

資料來源：Wood Mackenzie，收錄於 The new North Sea players riding the wake of the retreating majors. 參見 https://www.ft.com/content/93d5f778-833c-4553-ae29-785e3aa3d4d3。

　　下圖顯示美國陸上和鑽井活躍數量相關的石油產量已經出現變化。年度標記與箭頭有助於指出時間流，而圖中說明則提供基本的故事情節。

　　連接散布圖（Connected Scatterplot）是另一種受益於數位動畫的圖表類型，它的行進軌跡會隨著時間拉長而逐漸衰減，進而強化時間流逝的概念。

　　只是我們應該謹慎使用，因為它們很容易做出「一坨麵條」類型的圖表，

美國頁岩油產業生產力飆升

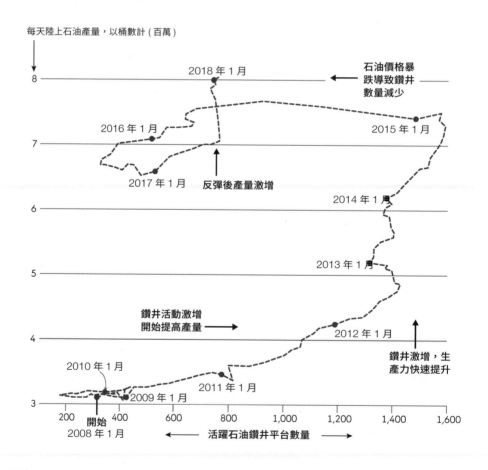

圖片： Billy Ehrenberg-Shannon，資料來源：美國能源資訊管理局（Energy Information Administration），收錄於 Baker Hughes, a GE Company appeared in Boom times for US shale oil producers. 參見 https://www.ft.com/content/2c7f6a38-1d37-11e8-956a-43db76e69936。

最後變成有看沒有懂的外星圖表。不過如果用得謹慎，就能有效補強我們的
圖表辭典。

普利斯特里時間軸

在總結本章之前，不妨回顧一下資料視覺化的歷史，並細想英國化學家
約瑟夫·普利斯特里（Joseph Priestley）的成就。他生於 1733 年，卒於 1804 年，
在世時發明蘇打水揚名立萬，並且至少與聲稱發現氧氣沾上一點邊，不過當
時他偏好稱為「脫燃素氣體」（dephlogisticated air）；他的通俗著作涵蓋神學、
政治、科學和歷史。

他也是一位滿懷熱情的老師，除了撰寫教育方法的論文外，也準備各
種協助學生的教材，其中包括極受歡迎的時間軸，包括 1765 年出版的《傳
記圖表》（*A Chart of Biography*），如在標題點明「樣板」（specimen）
的下圖。

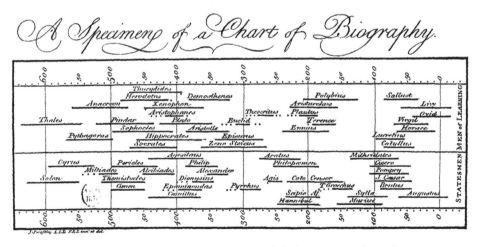

資料來源：J. Priestley L.L.D, *A Chart of Biography* (1765), of which a 'specimen' (teaser).

普利斯特里有一項特別的創新，就是使用橫軸代表時間，從左到右標示刻度線，並以規律間隔劃分。在圖表中央，不同長度的標記描繪出歷史名人的壽命。在完整版裡，超過 2,000 個名字被略分成六大類型。

普萊菲爾坦承，普利特斯里的成就對他的金融時間序列圖表有著重大影響，而且普利特斯里的方法就和普萊菲爾一樣沿用至今。

下圖描述不同國家的老年人口，增加 1 倍和 3 倍個別需要的時間。一般來說，已開發國家較早開始「老化」，新興經濟體則較晚，前者花費的時間會比後者來得長。

新興市場正在快速高齡化

65 歲以上人口從占總人口的 7% 增加到 2 倍和 3 倍所需的時間

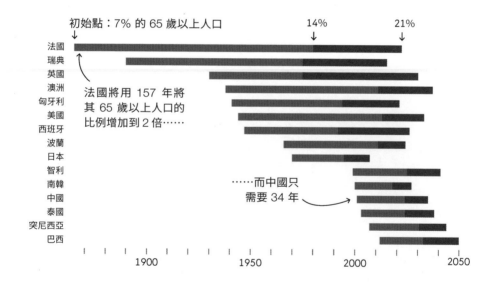

資料來源：Kevin Kinsella and Yvonne Gist (1995)、美國人口普查局（US Census Bureau），收錄於 Emerging countries to account for 80% of world's elderly. 參見 https://www.ft.com/content/19d3879e-1dc9-11e6-b286-ddde55ca122#axzz49U39mTT8.

　　讀者關注兩者的日期（何時）和持續時間（多長），這股渴望讓資料變成**普利斯特里時間軸**（Priestley Timeline）製圖的完美候選人。這裡有一個清晰的視覺模式：較早出現的長條較長，較晚出現的長條則較短。

　　這種做法比堆疊長條圖更容易看清楚整體內容，我留意到有一家研究機構選擇堆疊長條圖來視覺化資料。如你所見，日期範圍只是標記說明，很難在日期和持續時間之間建立視覺連結。長條是依照日期順序排列，但是實際上很難立即看到時間進度。

新興市場正在快速高齡化

65 歲以上人口從占總人口的 7% 增加 2 倍和 3 倍所需的時間

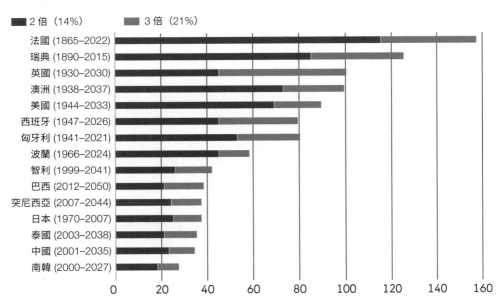

資料來源： Kevin Kinsella and Yvonne Gist (1995)、美國人口普查局，收錄於 Communicating with data – timelines. 參見 https://www.ft.com/content/6f777c84-322b-11e6-ad39-3fee5ffe5b5b. 金融時報有限公司授權使用。

河流圖

普利斯特里對他的生平圖表寫了一些頗有哲理的評論：

「從這張圖表的觀點來看，我們接收到一種長河的概念，因此也得到一個暗示，就是時間總是如常流動，無始無終……」

也因此，**河流圖**（Streamgraph）是一種或許已經廣獲博學家認可的圖表，是一種堆疊面積的圖表形式，可以隨時間變化呈現部分和整體的關係，卻沒有正統的縱軸，而是圍繞著被移到中央位置的主幹，進而產生一種構成整體呈現的流動感。

英超俱樂部轉向讓博弈業者贊助球衣

1992-2020 球衣贊助商，按產業分類

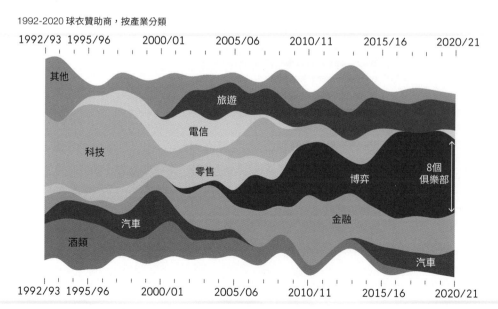

資料來源：金融時報研究，收錄於 Premier League shirt sponsorship shifts with the times. 參見 https://www.ft.com/content/61f3c8fc-9c86-11e8-9702-5946bae86e6d。

　　這張河流圖顯示英格蘭足球超級聯賽的球衣贊助情形，數據和先前看到的「一坨麵條」折線圖一樣。請留意，此處的重點不在於數字本身，而是變化的趨勢，因此縱軸消失也不重要。現在中央這個越來越倚賴博弈業的模式如此清晰，以至於我們很難接受眼前看到的資料是同一組。

堆疊面積圖

　　比較傳統的堆疊面積圖（Stacked Area Chart）依規定繪製縱軸，單就元素變化而言，效果也很好，就像英國國家電網使用煤炭總量顯著下降的這張圖表。從近 50 年來的任何時間點來看，隨著煤炭的角色式微，使用燃料的**部分和整體**關係也一目瞭然。

煤炭對英國國家電網的重要性迅速下降

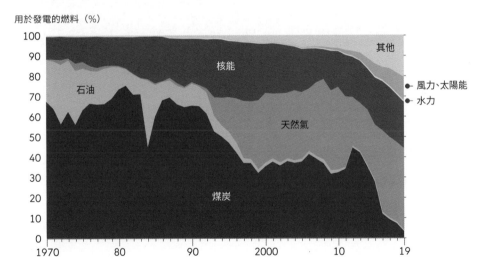

用於發電的燃料（%）

資料來源：2020 年英國能源統計摘要（Digest of UK Energy Statistics），收錄於 UK coal mine plan pits local needs against global green ambitions. 參見 https://www.ft.com/content/0e731ce2-1f45-4f50-bcb2-729467156d75。

　　當整體附帶顯示**量的比較**時，面積圖也可用在表現整體移動時的組成變化。在這張英國酒精消費量的視覺化圖表裡，各種圖層的排列讓它很容易就一目瞭然，1980 年代以來，葡萄酒消費量增加很大程度抵銷啤酒消費量的長期減少。

1970 年代以來，越來越多英國人將啤酒換成葡萄酒

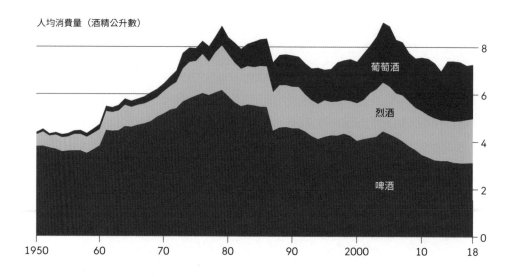

人均消費量（酒精公升數）

資料來源：澳洲阿德萊德大學紅酒經濟研究中心，收錄於 UK wine drinkers face higher prices as Brexit hangover kicks in. 參見 https://www.ft.com/content/2747ddf8-7f6c-4b34-9e40-36d6c4178203。

　　普萊菲爾的影響力留存至今，在這些面積圖表裡，直接標記的區塊有助於統一呈現比例、進展及數量。

南丁格爾的極坐標圖餅圖（Polar Area Diagram）

　　說到隨時間變化及部分和整體的關係，就不可能不提到南丁格爾的成就。針對完整呈現的資料如何發揮重要作用而言，她的成就堪稱開創性先例。

　　南丁格爾十分仔細地蒐集克里米亞戰爭期間英軍的死因資料。1858 年，她根據這些資料製成圖表，作為呈報維多利亞女王和調查軍隊衛生條件的官方委員會詳盡報告的一部分。

　　她的圖表原意是吸引眾人留意，在 1 月 1 日至 12 月 31 日的一整年中，死於「可預防或可緩解的傳染性疾病」（即下圖的藍色楔形，每個楔形代表 1 個月分）的比例，遠高於因受傷而死亡（即紅色楔形）。

　　請留意南丁格爾如何利用時間和空間，解釋讀者應該如何解讀這張圖像，也要理解它強調衛生改革重要性的意涵。

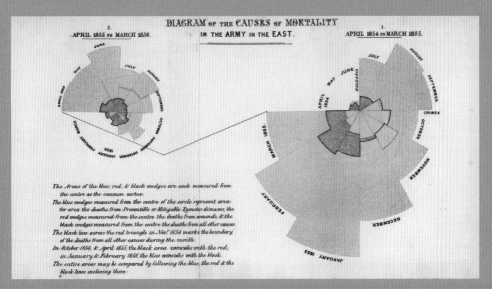

資料來源：南丁格爾的極坐標圖餅圖，1858 年。

第 6 章

顯示兩個或兩個以上變數之間的關係。請注意,除非另有說明,否則許多讀者會認為你想說明的是因果關係(也就是 A 導致 B 發生)。

在統計術語的世界裡,最可能引發拳腳相向的地位高低之爭,「相關性」或許僅次於「顯著性」(統計學家多半是文明人,我們就換成「脣槍舌戰」好了)。

相關性讓我們看到兩件事互相**關聯**的程度,這一點很有用。舉例來說,如果我們知道,通常某物價值高時,另一物價值低(意指「**負相關**」),就有可能開始進行預測。

把**相關性**視覺化很重要,因為有助於我們看清楚事物之間的相關程度。

前面已經看過隨時間變化的折線圖和呈現量的比較的長條圖,這裡有種圖表類型主宰了這種關係的視覺化思考——歡迎認識散布圖。

散布圖

資料視覺化歷史學家麥克・富蘭利(Michael Friendly)和丹尼爾・丹尼斯(Daniel Denis)推崇,天文學家約翰・赫歇爾(John Herschel)在 1833

學 習 要 點

相關性和因果關係

在繼續之前，先指出統計世界裡常犯的尷尬錯誤。

相關性有可能是**因果關係**（寒冬會**導致**高額的暖氣帳單），或者有可能和看不見的第三個變數相關（冰淇淋銷售和暴力犯罪相關，但是唯有在大熱天的前提下才成立），也有可能相關性根本站不住腳……

我們可以在專門拆解偽相關的分析網站看到[7]，人均起司消耗量和被床單纏死的人數高度相關；懷俄明州的結婚率和美國國內製造的客車銷售量有關。

統計數據不見得是根本原因的充分決定因素，卻可以協助你找出模式，以確保它們確實有用。

年發表史上第一張散布圖，但是距離英國科學家法蘭西斯·高爾頓（Francis Galton）運用它們成為科學界的要素，還要再過 50 年。

散布圖的基礎是二元的直角坐標平面，x 軸和 y 軸兩個軸線的意思是，上面的每個資料點都代表兩個對應於它和軸線相關位置的數值。

傳統而言，水平的 x 軸用於「自變數」，而垂直的 y 軸用於「應變數」，你可以把自變數想成「因」，而「應變數」想成「果」。例如在研究男性脫髮的圖表中，我們會把年齡放在 x 軸（自變數），而落髮程度則放在 y 軸（應變數）。

7　https://www.tylervigen.com/spurious-correlations.

剖析散布圖
變數 X 和變數 Y

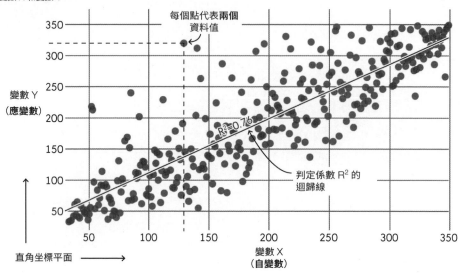

實務上,許多散布圖不描繪「因果」關係,但是了解這種慣例很有用。

此外,當你看到的像是亂撒一通的散布圖(學術論文尤其常見),常常會看到附帶一條「迴歸線」,用來總結兩個變數之間的趨勢,還會伴隨一個相關係數值(R),主要是描述趨勢的強度,可能的值介於 −1 和 1 之間。

解讀散布圖形式
變數 X 和變數 Y

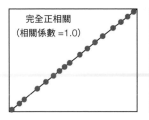

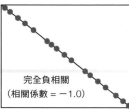

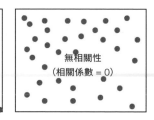

關於散布圖有一個需要留意的問題，就是可能上面的點實在太多了，例如英國人民匱乏與健康匱乏相關性的圖表，圖上有 32,844 個點（別擔心，我不會要你計算總數），每個點都代表一個社區的資料。

散布圖：有時點實在太多了……

收入匱乏和健康匱乏，英國，2019 年，按社區劃分 *

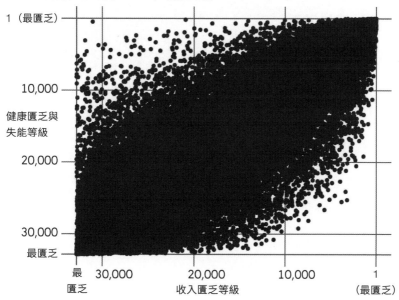

*1,000 人到 3,000 人之間的底層超級輸出區（Lower Layer Super Output Area, LSOA）。

資料來源：英國住宅與地方政府部。

在這裡加上一條迴歸線，有助於看清楚潛在關係的強度和方向，但也進一步證實圖中其他部分在視覺上有多麼難以理解。

散布圖：有時點實在太多了⋯⋯

收入匱乏和健康匱乏，英國，2019 年，按社區劃分 *

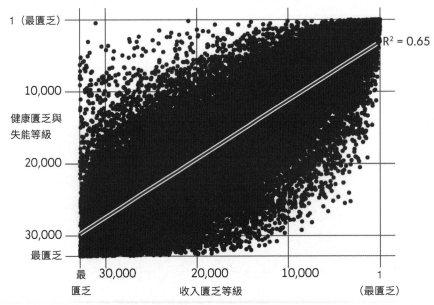

* 1,000 人到 3,000 人之間的底層超級輸出區。

資料來源：英國住宅與地方政府部。

　　有一個選項是減少每個點用到的「墨水」量，不是單純畫出輪廓，就是製造透明感，這樣即可一目瞭然。製造透明感的做法用在健康匱乏圖確實會有一些改善效果，但是對於巨量資料的密度問題依舊無解。

散布圖：有時點實在太多了……

收入匱乏和健康匱乏，英國，2019 年，按社區劃分 *

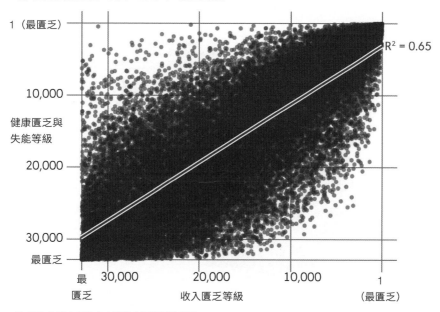

*1,000 人到 3,000 人之間的底層超級輸出區。

資料來源：英國住宅與地方政府部。

XY 熱圖

　　另一個替代做法是細分繪圖區域，並使用顏色代表落在每一「格子」的點數量。用這種手法繪製的圖表稱為 XY 熱圖（XY Heatmap）。我慣用六邊形，因為它們彼此緊密相嵌，但是矩形也適用。請留意，這種圖表描繪的視覺模式，代表我們不需要迴歸線才能察覺關係的強度和方向，不過如果你想加上也無妨。

收入匱乏與健康匱乏之間存在明顯關聯

收入匱乏和健康匱乏，英國，2019 年

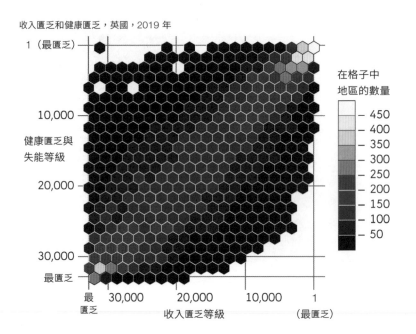

這種方法有什麼缺點嗎？確實有，我們不再需要畫出全部資料，也就是前面的 32,844 個點，只要匯總就好，但這麼做有可能遺漏個別層面上有趣的事項。

當正的變負的

事實上，有時候我們即使看清楚散布圖上的所有資料，也無法避免被誤導。請看 2017 年德國聯邦選舉，另類選擇黨（Alternative für Deutschland, AfD）的選區得票率，以及每個選區的非基督徒比例。

德國另類選擇黨得票率：與較少基督教徒的選區呈正相關

每個點代表一個德國選區

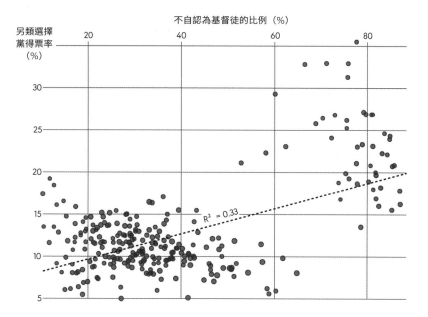

資料來源：聯邦選舉主任。圖片：John Burn-Murdoch / @jburnmurdoch，收錄於 Germany's election and the trouble with correlation. 參見 https://www.ft.com/content/94e3acec-a767-11e7-ab55-27219df83c97。

　　它看起來是一目瞭然的例子：判定係數 R^2 為 0.33，因此是正相關。它暗示某個地區的基督徒比率較低，選民投票給另類選擇黨的可能性就越高（請記住，我們的應變數和自變數）。

　　但是讓我們換個方式看看，這次每一點是根據選區位於國家的東部或西部著色。突然間，整張圖顯示的趨勢看起來大不相同，根本就整個翻轉過來！

　　這張圖出自《金融時報》的同事伯恩－梅鐸，詮釋堪稱知名的辛普森悖論（Simpson's Paradox）的絕佳範例。這個悖論的命名來自二戰期間的英國統計學家愛德華·辛普森（Edward Simpson），他是位於倫敦西北方的密碼破解中心布萊切利園（Bletchley Park）的解碼員，成為第一個完整描述此矛

盾現象的人。這套悖論中最讓人擔憂的重點是，當不同的資料類型結合在一起時，繪製而成的趨勢有可能因此發生逆轉。

辛普森悖論：全國趨勢完全由東、西部差異驅動，在區域層面發生逆轉
每個點代表一個德國選區

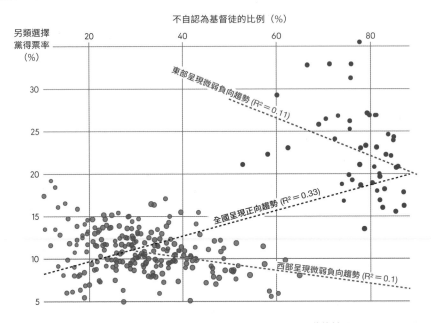

資料來源：聯邦選舉主任。圖片：John Burn-Murdoch / @jburnmurdoch，收錄於 Germany's election and the trouble with correlation. 參見 https://www.ft.com/content/94e3acec-a767-11e7-ab55-27219df83c97

學 習 要 點

遺漏變數

　　辛普森悖論做出很好的提醒，除了圖表呈現的變數外，更高的圖表素養來自考量到**沒有**標示出來的變數。正如我們的例子所示，在散布圖中增添更多資訊或許可行。

泡泡圖

　　21 世紀初最知名的製圖大師，是已故的天才科學傳播家漢斯‧羅斯林（Hans Rosling）。他善用散布圖，不過對他來說，這只是資料視覺化設計的起步。讓我們仔細看看，2006 年讓他發表的 TED 演講「你所見過最好的數據統計」（The best stats you've ever seen）一舉成名的經典圖表。

收入和預期壽命呈正相關

2019 年人均收入和出生時預期壽命

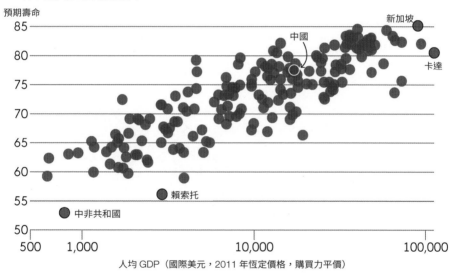

資料來源：Gapminder，蒐集基於世界銀行（World Bank）、Maddison Lindgren、國際貨幣基金及其他機構的資料，收錄於 Alan Smith, The storytelling genius of unveiling truths through charts, Febrary 10, 2017. 參見 https://www.ft.com/content/e2eba288-ef83-11e6-930f-061b01e23655。

　　這張圖表以傳統散布圖形式開始（請留意 x 軸上的對數尺度，稍後會在第 14 章更詳細討論這個設計決定）。

　　這裡很容易看出正相關：收入較高的國家，預期壽命也較長（請留意，

圖表右下角看不到任何國家，這裡原本要標示預期壽命短的富國）。

　　隨著羅斯林塗上顏色彰顯地區分組情形，圖表呈現變得更有趣，無須仰賴地圖，就能標示出**地理空間**關係。例如現在可以看見既貧窮又短命的非洲各國，與既富有又長壽的美洲國家之間的差異，儘管兩大陣營之間存在一些明顯重疊。

　　羅斯林的圖表下一階段的演變是，依據各國人口總數修改每一點的大小，這麼做讓我們同時看到各國人口總數的比較，以及世界各地收入和預期壽命人口數量的總體**分布**。

顏色揭示空間關係

2019 年人均收入和出生時預期壽命

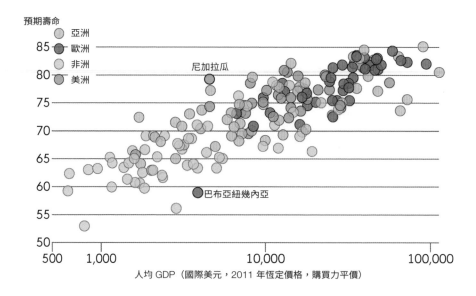

人均 GDP（國際美元，2011 年恆定價格，購買力平價）

資料來源： Gapminder，蒐集基於世界銀行、Maddison Lindgren、國際貨幣基金及其他機構的資料，收錄於 Alan Smith, The storytelling genius of unveiling truths through charts, Febrary 10, 2017. 參見 https://www.ft.com/content/e2eba288-ef83-11e6-930f-061b01e23655。

變數點顯示人口規模

2019 年人均收入和出生時預期壽命

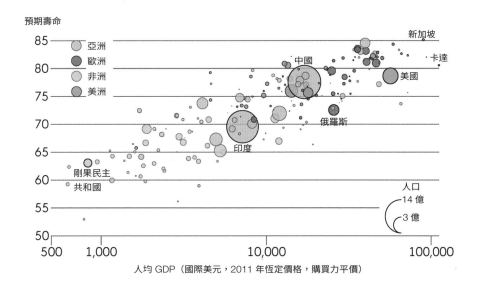

資料來源： Gapminder，蒐集基於世界銀行、Maddison Lindgren、國際貨幣基金及其他機構的資料，收錄於 Alan Smith, The storytelling genius of unveiling truths through charts, Febrary 10, 2017. 參見 https://www.ft.com/content/e2eba288-ef83-11e6-930f-061b01e23655。

　　羅斯林的圖表對世人的最後一大影響是，他體認到國家的情況**隨時間變化**將是論述的重要部分，為此轉而製作動畫。他熱切地相信世界越變越好，因為人們變得更富有、活得更長壽，因此最終版完整移動的泡泡圖（Bubble Chart）讓我們目睹這一幕。請留意，從 1989 年起，中國的泡泡開始膨脹，收入和預期壽命相對其他國家出現重大改善。

動畫揭示隨著時間的變化

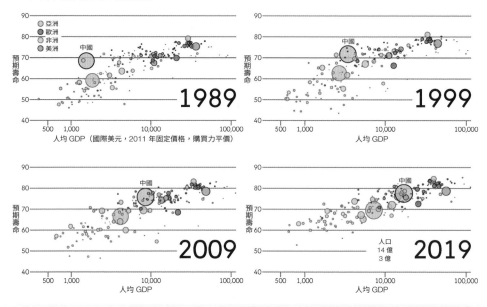

2019 年人均收入和出生時預期壽命

資料來源： Gapminder，蒐集基於世界銀行、Maddison Lindgren、國際貨幣基金及其他機構的資料，收錄於 Alan Smith, The storytelling genius of unveiling truths through charts, Febrary 10, 2017. 參見 https://www.ft.com/content/e2eba288-ef83-11e6-930f-061b01e23655。

　　受限於實體書的呈現方式，只能看到一幕幕的「電影膠片」，不過羅斯林製造的視覺效果，在播放流暢的螢幕上無疑是一大吸引力，讓他這場 TED 演講獲得超過 1,500 萬觀看次數。

　　所以儘管羅斯林的動畫泡泡圖，在誕生之初只是標準的散布圖，對照《金融時報》視覺化辭典所涵蓋的九大統計關係，至少顯示以下**五種**：

- **相關性**：散布圖上的 x/y 軸。
- **量的比較**：依照比例縮放的圓圈，顯示各國人口規模。
- **地理空間**：每個圓圈都根據它在世界區域的所在位置著色。
- **分布**：軸線組合和依比例縮放的圓圈則是善盡本分，顯示全球 GDP 和預期壽命的整體分布。
- **隨時間變化**：動畫元素讓我們得以看到圖表資料的演變。

　　這裡有一個關鍵是，羅斯林在圖表中**增加**資訊，而不是剔除或簡化，因此引發廣泛的大眾興趣，在資料傳達領域裡，這是一項了不起的成就。善用泡泡圖是羅斯林研究工作的直接成果，近幾年使用率大增，它們的能耐已經超越描述簡單的相關性。

　　下方泡泡圖繪製金融服務組織的資料，顯示女性擔任高階職務的比率（y 軸），對比組織中整體女性比率（x 軸）。

　　乍看之下，兩者看起來像是弱相關，因為這些變數之間似乎沒有明確的連結。不過這張圖表想要說明的重點是，無論企業中女性員額占全公司比率有多高，從低者如瑞士信貸（Credit Suisse），到高者如瑞典銀行（Swedbank），**沒有**一家在高階職務實現性別平等。

**在許多金融服務組織中，女性數量超過男性，
但沒有一家公司在高階職務達到平等**

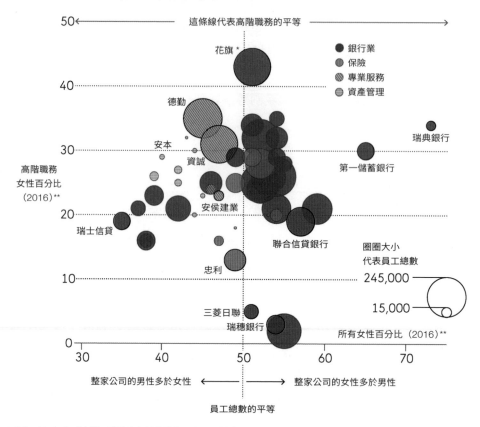

* 花旗（Citi）的「高階」職務也包括中階管理者。** 某些組織的數據僅針對本國地區。

圖片：Alan Smith/Laura Noonan，資料來源：各家公司、金融時報研究，收錄於 Women still miss out on management in finance. 參見 https://ig.ft.com/managements-missing-women-data. 金融時報有限公司授權使用。

　　如果，拉長軸線以顯示圖表可能數值的完整範圍，也就是縱軸、橫軸都是從0標到100，會使整套論述的主角不是泡泡，而是圖上一大片留白的區域。這是最勇敢，但往往也最有成效的圖表設計決定：刻意將資料全部塞進繪圖區域的一小區塊。圖表劃分成四大象限，每個象限的角落都沒有資料，而是標記文字，有助吸引讀者關注真實故事本身。

**在許多金融服務組織中，女性數量超過男性，
但沒有一家公司在高階職務達到平等**

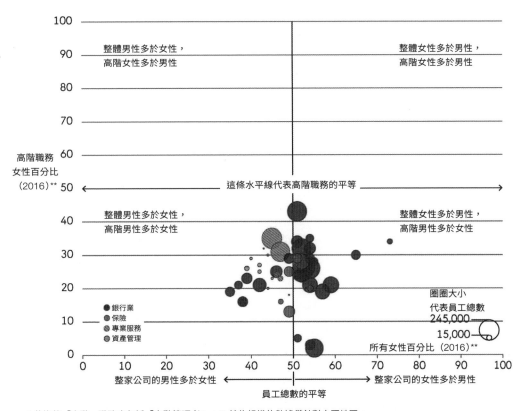

* 花旗的「高階」職務也包括「中階管理者」。** 某些組織的數據僅針對本國地區。

圖片：Alan Smith/Laura Noonan，資料來源：各家公司、金融時報研究，收錄於 Women still miss out on management in finance by Laura Noonan, Alan Smith, David Blood and Martin Stabe, April 4, 2017. 參見 https://ig.ft.com/managements-missing-women-data/。

　　我們在前一章看到，**連接散布圖**是顯示相關性**隨時間變化**的理想做法。下圖比較經濟合作暨發展組織（Organization for Economic Cooperation and Development, OECD）國家的醫療保健支出和預期壽命。正如你所預期的，隨著醫療保健支出增加，預期壽命也跟著延長，不過圖表出現一個離群值（Outlier）。

繪製相關性軌跡

在美國，人均醫療保健支出並未改善預期壽命。請留意，代表美國的那條線比其他線來得長，意思是支出增加的速度比其他國家更快，這是因為不論長度，線條代表相同的**持續時間**。

美國人的預期壽命，並未隨著醫療保健支出增加而拉長

每條線代表一個 OECD 國家

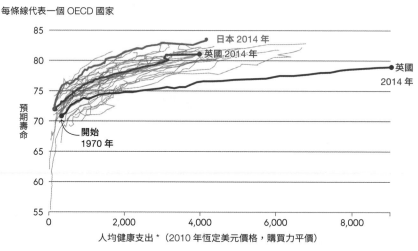

人均健康支出 *（2010 年恆定美元價格，購買力平價）

* 醫療保健產品和服務的最終消費（即當前醫療保健支出），包括個人照護和集體服務，但不包括投資支出。

資料來源：聯合國人口司、OECD，收錄於 The huge disparities in US life expectancy in five charts. 參見 https://www.ft.com/content/80a76f38-e3be-11e6-8405-9e5580d6e5fb。

這張圖表清楚顯示美國的發展路徑和其他 OECD 國家大不相同，但無助於理解**為什麼**軌跡會有這麼大的差異。如果我們想探究原因，有必要檢視資料的另一種統計關係，留待下一章再回頭看這個故事。

針對世代比較而言，連接散布圖的效果也非常好，好比這張比較美國不同族群財富成長情況的圖表。x 軸是使用年齡中位數，讓我們比較同一時期、

不同世代的財富累計狀況。雖然每一條線的年齡和財富之間的正相關相當明確，但是千禧世代讀者看到這張圖可能無法覺得開心。

2020 年，千禧世代在家庭財富中的占有率仍然很低

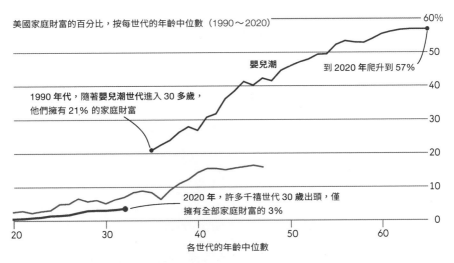

資料來源：聯準會分配金融帳戶，金融時報圖片；Aleksandra Wisniewska，收錄於 The Recessionals: why coronavirus is another cruel setback for millennials | Free to read.　參　見 https://www.ft.com/content/241f0fe4-08f8-4d42-a268-4f0a399a0063。

XY 熱圖的另類觀點

有時候我們不想比較兩個連續變數之間的相關性，反而想將單一指標解構成兩種子類別。在這類情況下，可以重新審視本章前述介紹的 XY 熱圖方法。下圖顯示在不同收入水準下，死亡或失能導致失去多少健康壽命年數，這張圖值得細細深究。

在一般情形中，收入較低的族群損失健康的年數也較多，不過有一個很大的例外，就是心理疾患和物質使用疾患，收入較高的族群反而損失的年數較多。

熱圖的一個弱點是，數值只是被分別歸類在不同類別，很難進行實際量

的比較。例如在收入較低的前提下,產婦疾病和心理╱物質使用疾患都標示相同的色調,儘管後者比前者高出 5 個百分點。有時候檢視格子中的實際數值值得一試,會讓整張圖表更有用處;上面的數字提供精準的數值,後方的顏色則說明形式。

低收入國家年輕人的「雙重疾病負擔」

每 1,000 名 15～29 歲人群,因死亡或殘疾而損失的健康壽命年數 *

損失健康的壽命年數		收入水準			
2 4 6 8 10 20 30 40		低	中低	中高	高
傳染病	結核病	15.5	7.9	1.1	0.1
	性病(不包括 HIV)	1.8	0.8	1.0	0.4
	HIV╱愛滋病	17.9	6.0	3.9	0.3
	腹瀉	14.6	5.3	0.7	0.3
	腦膜炎	8.8	2.6	0.4	0.1
	寄生蟲與帶菌者	15.4	3.8	0.5	0.03
	其他傳染性疾病	7.6	5.8	1.6	0.5
	呼吸系統疾病	10.0	4.9	2.4	1.9
	產婦疾病	21.2	8.0	0.9	0.3
	新生兒疾病	1.5	2.6	1.6	1.6
	營養缺乏	8.5	7.9	1.9	1.0
非傳染病	腫瘤	8.9	6.1	6.1	4.0
	糖尿病	1.9	1.7	1.7	1.0
	內分泌、血液、免疫疾病	4.9	3.4	1.4	1.2
	心理和物質使用疾患	26.7	24.4	26.8	39.2
	神經系統疾病	10.0	10.1	7.6	9.1
	感覺器官	6.3	5.9	4.7	3.4
	心血管	11.7	9.4	5.4	3.4
	呼吸系	4.8	3.3	2.4	3.0
	消化系統	8.5	7.8	1.8	1.4
	泌尿生殖系統	5.9	5.5	3.6	2.3
	皮膚	3.7	3.5	3.4	3.5
	肌肉骨骼	5.8	7.6	7.2	10.5
	先天性異常	3.1	2.7	2.3	2.4
	口腔疾病	1.2	1.2	1.1	1.2
受傷	意外	42.4	31.4	23.6	15.2
	非意外	25.1	21.2	17.7	12.1

* 基於失能調整後生命年(Disability-Adjusted Life Years)量表。

金融時報圖表:Chelsea Bruce-Lockhart、Chris Campbell。資料來源:WHO,收錄於 In charts: Healthcare apps target tech-savvy youth. 參見 https://www.ft.com/content/7aba9066-dffe-4829-a1cd-1d557b963a82。

接下來檢視一些和散布圖的 x/y 格式毫不相關的圖表,然後結束這一章。

視覺化風險

英國溫頓風險中心（Winton Centre for Risk and Evidence Communication）曾採用一張**主幹圖**（Spine Chart），顯示 AZ 疫苗的潛在利弊。幾起疫苗接種者發生血栓的事件公諸於世後，溫頓風險中心的研究顯示，整體來說潛在好處勝過壞處，除了置身於低度暴露風險環境裡的年輕人。

這張圖表十分清楚地量化低暴露風險下的利弊，但是有點難比較不同年齡群組壞處和好處的**比率**，因為圖表勢必會變得很寬。

了解風險：AZ 疫苗

10 萬名低暴露風險人群 *

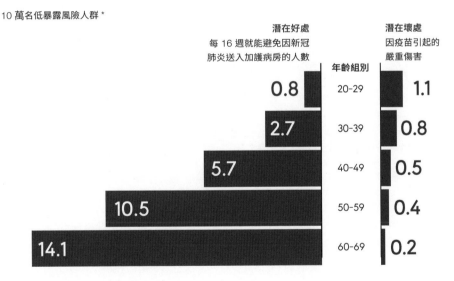

	潛在好處 每 16 週就能避免因新冠 肺炎送入加護病房的人數	年齡組別	潛在壞處 因疫苗引起的 嚴重傷害
	0.8	20-29	1.1
	2.7	30-39	0.8
	5.7	40-49	0.5
	10.5	50-59	0.4
	14.1	60-69	0.2

* 基於每 10 萬人中有 20 例冠狀病毒感染率。

資料來源：溫頓風險中心，收錄於 Why we shouldn't worry about Covid vaccine blood clots. 參見 https://www.ft.com/content/090f1b3c-95d9-4b10-9a7c-ba3a7f290fee。

如果將利弊轉化成比率型態，產生一個單一數值，即避免因血栓送入加護病房的比率。這個新指標讓我們可以呈現三種風險暴露場景，凸顯出一種

組合的風險將大於好處（此時比率低於 1），就是置身於低風險環境的 20 多歲成人。請留意，x 軸上的對數尺度發揮一點幫助作用。

除了一種情況外，AZ 疫苗的潛在好處都大於壞處

避免因血栓送入加護病房，依年齡與風險暴露程度 *

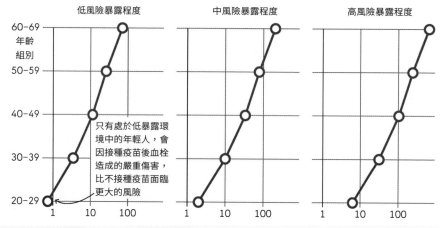

低風險暴露程度　　　中風險暴露程度　　　高風險暴露程度

只有處於低暴露環境中的年輕人，會因接種疫苗後血栓造成的嚴重傷害，比不接種疫苗面臨更大的風險

* 基於冠狀病毒的發病率：
低：每天每 10,000 人中有 2 人（英國 2021 年 3 月的大致比率）；
中：每天每 10,000 人中有 6 人（英國 2021 年 2 月）；
高：每天每 10,000 人中有 20 人（2021 年 1 月英國第二波高峰期）。
這裡的數字是 16 週內在固定暴露情形下，潛在壞處和好處的平衡點。

資料來源：溫頓風險中心，收錄於 Experts back UK age limit for rollout of AstraZeneca vaccine. 參見 https://www.ft.com/content/5db4a13f-11b1-4f1e-891b-9f68c639a6f9。

雙軸線圖

如果不討論臭名滿天下的「雙軸線」圖（"Dual Axis" Chart），呈現兩個變數的方法就不夠完整。雙軸線圖通常是兩個獨立的圖表堆疊起來，共享一條可以**隨時間變化**的 x 軸，但是許多資料視覺化同業反對使用。

首先，有人主張使用兩條獨立的縱軸，會讓圖表難以閱讀。其次，也有人主張雙軸線圖太容易動手腳，也就是任意縮放一條或兩條軸線上的數值，

創造不存在的視覺關係。兩種論點都稱得上合理，但不見得是完全禁用的理由。使用顏色和形狀的有效設計，可以協助讀者看懂。

　　或許當它們用來顯示兩個序列之間的「對照」模式時會最有效，可以看看 3 年間，比特幣（bitcoin）期貨的數量和價值變化。

對沖基金和大型基金經理正在積極交易比特幣期貨

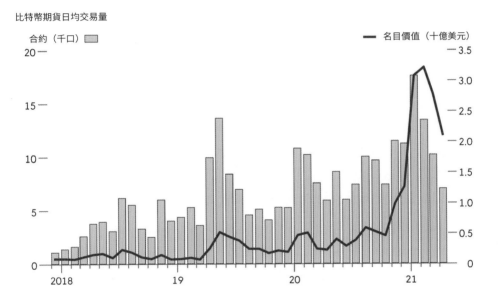

比特幣期貨日均交易量

資料來源： 芝加哥商品交易所，收錄於 Netscape 2.0: Coinbase stock debut rekindles memories of web breakthrough. 參見 https://www.ft.com/content/cbd46d95-6866-4c32-b7af-51b1772e388d。

　　套用一句羅斯林的話來總結這一章。2010 年，我參加一場在紐約舉行的聯合國會議，有幸和羅斯林一起加入小組討論。在座聽眾中，有一位統計學家帶著一絲不屑的神情，質問這位備受尊敬的小組成員，為什麼他認為所有政策制定者只要被告知單單兩個變數（好比他的泡泡圖顯示的**相關性**），就可以做出決策。羅斯林頓了一下，禮貌地露出微笑，然後雙眼發亮地回答：「要是我可以讓政策制定者只用一個變數就做出決策，將會是天大的進步。」

第 7 章

顯示資料集中的數值和出現的頻率。當資料不一致或不平均時,分布的形狀(或「偏離程度」)會以一種讓人難忘的方式凸顯出來。

2016 年 4 月初,民主黨(Democratic Party)總統候選人提名的角逐戰正要進入最後階段。從初選已經看得出來,這場競賽的規模縮小到兩人正面對決:當權派最愛的希拉蕊,以及特立獨行的佛蒙特州參議員伯尼·桑德斯(Bernie Sanders)。

在桑德斯的競選活動中,搶眼的政見是承諾解決美國的收入和貧富不均問題,他經常在造勢的社群媒體上張貼這類議題的文章。

4 月 11 日,桑德斯在臉書(Facebook)上寫著:「近 40 年來,全國的龐大財富從中產階級轉移到最富裕族群手裡。」這則貼文包括一張圖表的局部預覽,以及曾經榮獲普立茲獎(Pulitzer Prize)的《洛杉磯時報》(*Los Angeles Times*)記者麥可·西爾吉克(Michael Hiltzik)的報導連結。

這篇文章的標題「美國的收入不均炸鍋,一張搶眼動畫全都露」吸引我的目光,因為新冠肺炎疫情爆發前,媒體界把圖表排在新聞頭版最前方的做法其實相當罕見。緊接而來的情緒是熟悉感,我很了解這張文章討論的圖表,因為以前早就做過了。

這張動畫早在現身於桑德斯臉書頁面的半年前就已問世，採用皮尤研究中心的分析結果，原本是《金融時報》撰寫美國中產階級報導的一部分，顯示 1971 年至 2015 年美國家庭收入經過通貨膨脹調整後的**分布**情形，讓我們一步步拆解這張動畫。

不斷變化的美國收入分布

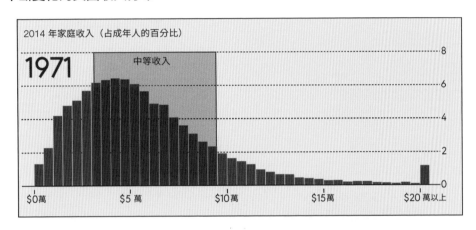

資料來源：皮尤研究中心，收錄於 Sam Fleming and Shawn Donnan, America's Middle-class Meltdown: Core shrinks to half of US homes, *Financial Times*, December 10 2015. 　參　見　https://www.ft.com/content/98ce14ee-99a6-11e5-95c7-d47aa298f769。

一開始，先看到的是 1971 年的美國家庭收入。多數美國人都落在圖表左側，被歸類為收入遠低於 10 萬美元的家庭；然後是顏色較淺的「長尾」一路向右延伸，停在標記家庭收入 20 萬美元以上的終點線。

皮尤研究中心對「中等收入」的定義是，從家庭收入中位數的三分之二低水位到 2 倍的高水位，就是圖中的陰影區域。

接著有一條藍線掠過圖表上空，在動畫真正動起來之前，當作一個固定可見的起點。就在我們一路追蹤美國數十年的收入分布情形，圖表的形狀也發生變化，最終在 2015 年趨於穩定。

不斷變化的美國收入分布

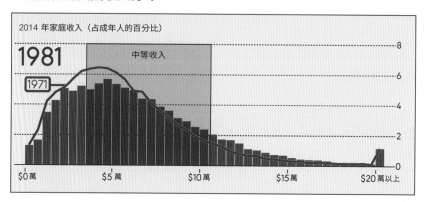

不斷變化的美國收入分布

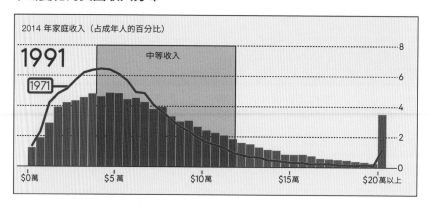

不斷變化的美國收入分布

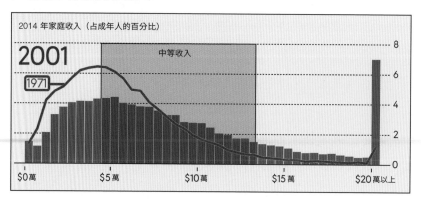

不斷變化的美國收入分布

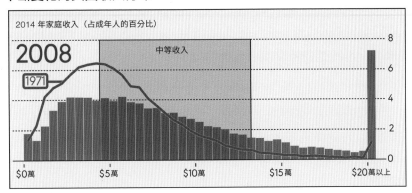

不斷變化的美國收入分布

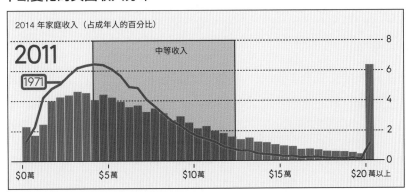

不斷變化的美國收入分布

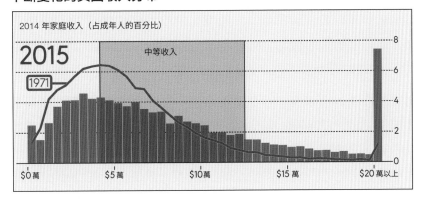

資料來源：皮尤研究中心，收錄於 Sam Fleming and Shawn Donnan, America's Middle-class Meltdown: Core shrinks to half of US homes, *Financial Times*, December 10, 2015. 參見 https://www.ft.com/content/98ce14ee-99a6-11e5-95c7-d47aa298f769。

　　視覺上，圖表轉變中最搶眼的元素無疑是 1971 年 20 萬美元以上的「標記」，當時只略高於 1%；結果到了 2015 年竟然飆漲至接近 8%，成為一座高聳的尖峰，但是這張圖還有很多其他的故事。

　　例如 1971 年那條藍色「記憶線」，和我們最終在 2015 年看到的位置不同，兩者之間的差異顯示，美國中產階級一直被「掏空」，可以看到 1971 年以來，圖表左側顯眼的駝峰已經被侵蝕。這是因為分布圖上有許多家庭向右移，也就是所得成長的象徵。

　　不過也請留意，圖表中左起第一個長條是最貧困區域，代表家庭收入為 0 至 5,000 美元，2015 年的高度超過 1971 年。你可以看到，這種模式在 2011 年開始，也就是 2008 年金融危機後，顯然在許多人收入增加的時期，並非所有人都一樣增加。

　　這張圖表帶來的鮮明印象，已經足以讓它在 2015 年 12 月《金融時報》報紙頭版占據一席之地。

　　這張圖表刊出後，動畫版本還持續數個月在網路上被廣泛分享、討論，尤其是在社群媒體上的反應熱烈，參議員桑德斯功不可沒，這充分說明圖表身為大眾傳播物件的力量強大，當初它是在新聞報導中出現，但多數看過動畫的讀者都是在其他地方看到。

　　有些評論家指控我製造偏見，也就是將收入超過 20 萬美元的所有家庭合併計入同一個搶眼的長條。相較之下，那個水準以下的所有長條都是依據 5,000 美元的級距分類，不過我並非企圖誤導。

　　對收入超過 20 萬美元的少數族群來說，統計估計值會變得太不可靠，因此皮尤研究中心的研究人員自行決定，將 20 萬美元以上作為單一類別納入分析。我的圖表只是顯示可用資料的最大精細度，如果隱藏 20 萬美元以上的類別，其實更令人無法接受，因為這樣就不再是一整個資料集的總體摘要。

　　無論如何，我肯定不會對點閱數飆漲引起轟動感到失望，畢竟這是吸引

大家來看圖表更適當的做法，而非將圖形整個塞進一件內褲中（請參見第 2 章「堅定掌握事實」一節附上的嚴厲提醒！）。

最終，這張圖表提出大量可供辯論的資訊（通常是被政黨所用），因為它本身就揭露許多關於全體選民的背景，他們都將在 2016 年底前往投票站選出新總統。正如《金融時報》頭版頭條所預見，圖表描繪的分裂社會最終助長美國前總統唐納・川普（Donald Trump）成功當選。

直方圖

有一段很短的時期，我的動畫圖表或許稱得上是全世界最出名，而且廣獲討論的直方圖（Histogram）。這讓我們想提出一個有趣的問題：直方圖究竟是什麼？和柱狀圖又有多麼不同？

直方圖的形狀告訴我們，許多資料（在我們的第一個例子是指收入）是否平均分布的相關資訊，以及我們可以多相信平均值這類簡單的匯總數字。

在對稱分布裡，平均數、中位數及眾數這三個平均值幾乎相同，好比它們都會出現在圖表的中心，因為資料分布均勻。然而遇到偏態分布時，資料就不是平均分布了，正值、負值都是如此，因此我們以平均值匯總資料時需要格外小心。

中位數（如果數據依照順序排列，就是指中間點），通常是最常用到的匯總數字，因為它不受極端值（也就是「離群值」）影響，因此統計學家將中位數稱為「抗拒」衡量指標。

不過在某些情況下，連中位數也會變得沒用，正如下頁虛構考試成績的直方圖所示。在這組資料中有兩大眾數組，所以只使用單一匯總數字描述資料集並不合適。

如何閱讀直方圖

直方圖將資料集匯總為「組」（bin，裝載著相似值），
使我們能夠看到資料是如何分布在整個數值範圍內。

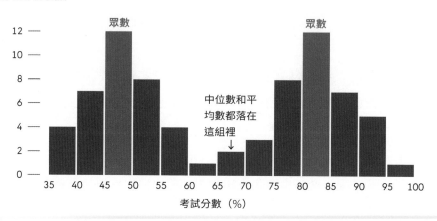

縱 (y) 軸顯示每組中觀測值的數量（或比例）

正偏態
左邊的值比右邊的多

橫 (x) 軸顯示組的數值，組的數量決定我們對分布的觀察是粗略或精細

對稱
每列都是一組
組通常寬度相等
最高的列就是「眾數組」，即資料集中出現頻率最高的值

負偏態
右邊的值比左邊的多
與普通柱狀圖相比，組靠得更近，讓我們清楚看出分布的形狀

雙峰分布

一組學生的考試成績

眾數　眾數

中位數和平均數都落在這組裡

考試分數 （%）

雙峰分布

　　像這樣的「雙峰」（bimodal）分布通常是指某些看不見的現象或分組，在資料集裡發揮作用。這是直方圖透露的線索，要你開始循線調查，而非匆忙算出匯總數字。對這些被分組的學生來說，調查不一定要太深入，就能揭發事情的真相。

雙峰分布
一組學生的考試成績

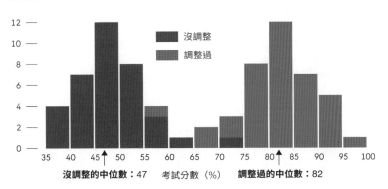

沒調整的中位數：47　　考試分數（%）　　調整過的中位數：82

人口金字塔

　　人口統計學家使用一種非常特殊的直方圖，就是**人口金字塔**（Population Pyramid）。本質上，它是兩個垂直、背靠著背呈現的直方圖，依照年齡和性別顯示人口中的人數或比例。

　　顧名思義，這類圖表的價值在於解讀的同時比較形狀。年輕人口多於老年人口會呈現出典型的正三角形，但是各國越來越擔心未來將趨近倒三角形，因為它反映出日益下跌的生育率和預期壽命延長的老化人口。

因為各國想知道人口金字塔隨時間變化的走勢，使用動畫和「記憶線」比較過去／未來／現在很有幫助，正如我們在美國收入分布趨勢所見。這套針對 6 個國家的人口金字塔，對比它們 1960 年的人口結構，以及如今聯合國預測的 2050 年人口結構，然後提供有關世代群體的額外資訊。請留意，這些說明如何解讀不同形狀的支持性資訊，對不熟悉這種圖表類型的讀者而言，是很有用的指南。

Z 世代的崛起

2050 年預計人口比例，按年齡和性別分列（%）

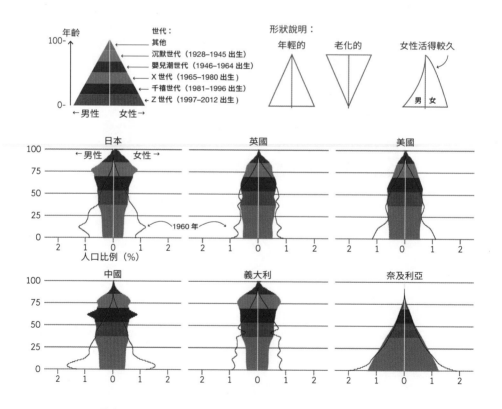

資料來源：聯合國，收錄於 Alan Smith, Tomorrow's world in charts: Gen Z, climate change, China, Brexit and global trade, *Financial Times*, December 16, 2020. 參見 https://www.ft.com/content/af4631f3-fed3-476c-b9c0-bd460a930a48。

人口金字塔是我第一次涉足現代的資料視覺化世界，並體會到它身為溝通和政策工具的潛力。

2003 年，我在英國國家統計局任職，使用在地區域資料創造一系列動畫製成的互動式人口金字塔。我很好奇，大家可能會為這些實驗性質的圖表找到什麼用途。它們發表後沒多久，我很開心地收到一封教育分析師來信，說她可以在校董會議上使用這些動畫，充分解釋學區低落的錄取率：「以前我們從來沒有在會議上這樣用過數據！」她興奮地說，從此我就愛上畫得好的人口金字塔。

雖然我是直方圖的鐵粉，但仍須提醒自己，我們正在檢視的是一套資料集裡所有數值的**匯總**，有時候把**所有**資料畫出來是值得一試的做法。

點狀條紋圖（Dot Strip Plot）讓我們可以正好做到這一點，只要使用列代表數個子類別的資料即可，這種格式可能比直方圖更能傳遞兩大有用的優勢：

第一，可能辨識並凸顯出分布圖中的各個資料點。

第二，可能比直方圖更能看出較為精細的模式。

點狀條紋圖

這張依照國家分類的廢棄物產生圖，是由廣泛的收入分組建構而成，讓我們看到兩大優勢發揮作用。請留意，圖中也標示最小值、最大值及中位數這幾個數字，讓概覽摘要可以和國家層級資料一起展示。

廢棄物產生率如何因收入水準而異

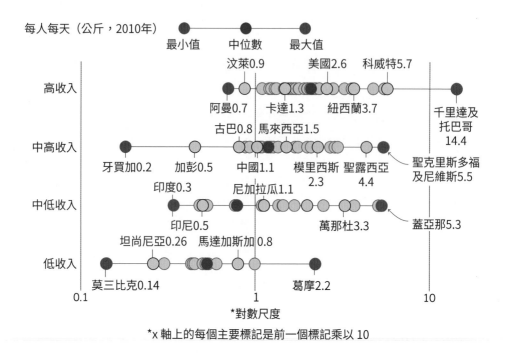

每人每天（公斤，2010年）

資料來源：Jambeck Research Group: Report 'Plastic waste inputs from land into the ocean, (2015)'，收錄於 John Aglionby in Nairobi, Anna Nicolaou in New York and Scheherazade Daneshkhu in London, Consumer goods groups join war on plastic, January 22, 2018. 參見 https://www.ft.com/content/61629224-fc9f-11e7-9b32-d7d59aace167。

點狀圖

　　事實上，光是摘要重點，即可繪製更簡易的**點狀圖**。請留意一個重要的取捨，就是摘要重點可以更清楚凸顯廢棄物產生量會如何隨著收入水準變化，但代價是犧牲比較國家表現的諸多細節。事實上，現在我們看到的摘要資訊比使用直方圖更少，這樣一來，就不可能看到偏離等特徵。

廢棄物產生率如何因收入水準而異

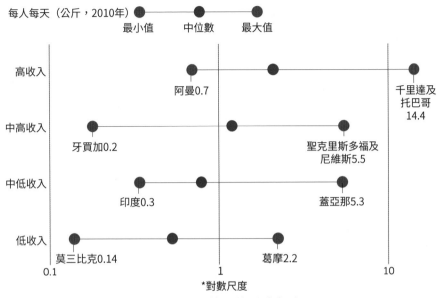

條碼圖

　　和點狀條紋圖相關的圖表類型就是條碼圖（Barcode Plot），表現形式類似，但是採用不同類型的標記，也就是垂直的長條，而非點。這種做法有何優勢？當數值緊密聚集在一起時，就會顯得很有效，因為重重疊疊的點可能會造成遮擋視線的問題。

　　這張圖表是很好的例子，說明美國劇場界最高榮譽的東尼獎（Tony Award）頒獎典禮後，得獎劇作的票房會受到刺激而提升。但是如果用點狀條紋圖表現，圓圈部分就會太靠近，全部擠在一起。

　　我們使用點狀條紋圖和條碼圖後，可能會傾向認為應該完全放棄關注資

料分布的摘要，只要關注整個資料集就好。不過亂成一團的現實世界資料意味著，這麼做並非總是可行，甚至不會令人滿意。

獲得東尼獎之後票房將會暴增

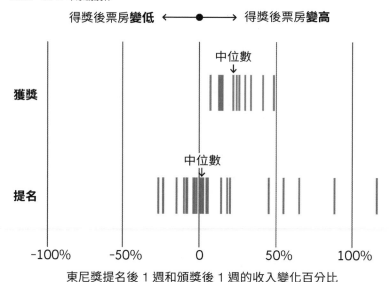

2002～2017 年原創劇作

得獎後票房**變低** ←――――●――――→ 得獎後票房**變高**

東尼獎提名後 1 週和頒獎後 1 週的收入變化百分比

圖片：Joanna S. Kao，資料來源：The Broadway League、金融時報研究，收錄於 Tony winner Oslo set for ticket sales boost. 參見 https://www.ft.com/content/e864eb26-4e00-11e7-bfb8-997009366969。金融時報有限公司授權使用。

　　下一張圖表可以說明這一點，它描繪 2021 年英國地方選舉中，工黨的得票率變化。

工黨的得票率變化

得票率變化，按地區分類（百分點，每點代表一個選區）

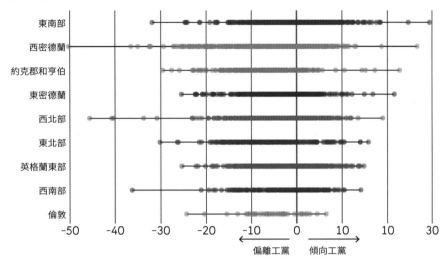

在複數選區中，得票率反映出每個政黨表現最好的候選人。

資料來源：Britain Elects，收錄於 George Parker, Based on Boris Johnson's levelling-up agenda takes toll on southern Tories. 參見 https://www.ft.com/content/273c58af-6d3e-4c36-b4a5-4f4e7d941875。

　　雖然資料依據區域分門別類，但是很難看清楚分布情形，即使是單一行資料都看不出來，遑論分布之間的比較。英國有超過 8,000 個選區，在這麼小的空間裡塞進這麼多原始資料，密度之高就連條碼圖也無法拯救我們的雙眼。

　　如果想要像這樣比較好幾種分布情形，可以轉向統計學家工具箱裡的另一種圖表——箱形圖（Boxplot）。

箱形圖

　　有時候箱形圖也被稱為「盒鬚圖」（box-and-whisker-plot），是由 1950 年代資料視覺化先驅瑪莉・艾蓮諾・史皮爾（Mary Eleanor Spear）奠定基礎，隨後在 1970 年代由美國統計學家約翰・圖基（John Tukey）美化並推廣，當作探索性資料分析（Exploratory Data Analysis, EDA）技術的一部分。

雖然許多讀者可能不知道箱形圖，但事實上它們是一種簡單的資料視覺化做法，一旦你熟悉就能讀懂。

箱形圖可以定向成垂直或水平，若要視覺化好幾種分布情形（這是箱形圖的最佳用途），我個人喜歡水平的箱形圖，因為堆疊時更有效率，也更容易做標記。

學習閱讀這種奇特的新圖表類型有什麼好處？讓我們以前面點狀條紋圖使用的同樣得票率資料，套用在箱形圖看看。

剖析箱形圖

箱形圖總結資料集的數值如何分布

a) 在所有最基本的情況下，箱形圖可以顯示最小值和最大值的位置，以及第 25 百分位數、第 50 百分位數（即中位數）及第 75 百分位數。資料集的 50% 數值都位於中間的盒框內，這就是所謂的「四分位距」。

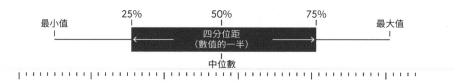

b) 有時候「長鬚」的起點和終點，會被設置成最小值／最大值以外的點；在下方圖例中，它被設置在第 5 百分位數和第 95 百分位數；另一個常見的變則則是使用 1.5 倍 * 四分位距。長鬚範圍之外的值是「離群值」，會單獨繪製。

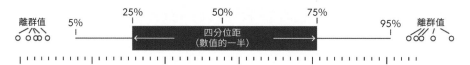

c) 之前在本章採用直方圖繪製分布的正偏和負偏，也可以用箱形圖顯示。當我們比較好幾個分布形狀時，節省空間的箱形圖可能更看得出成效⋯⋯

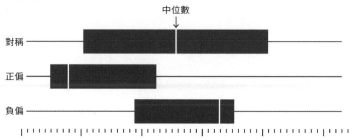

工黨在東南部的進步，抵消了整體的糟糕表現

得票率變化，按地區分類（百分點）

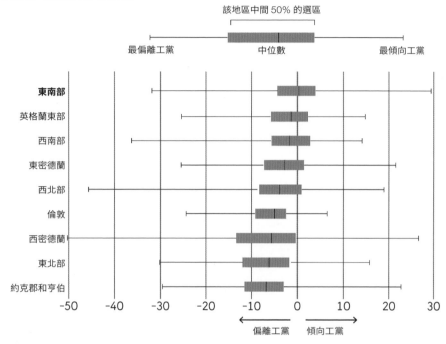

在複數選區中，得票率反映出每個政黨表現最好的候選人。

資料來源：Britain Elects，收錄於 George Parker, Boris Johnson's levelling-up agenda takes toll on southern Tories, *Financial Times*, May 14, 2021. 參見 https://www.ft.com/content/273c58af-6d3e-4c36-b4a5-4f4e7d941875。

　　這種視角為工黨的地區表現，提供真實的清晰度。我們可以看到，在工黨的組成選區中，東南部是唯一一個中位數高於 0 的地區，也就是非常微弱地向工黨偏斜。

　　在其他的地區，你將會看到分布情形更傾向「偏離工黨」那一側。因為每一欄都是依照中位數**排序**，所以也能在資料中看到**排序**關係（東南部表現最佳，約克郡和亨伯表現最差）。

　　箱形圖和所有圖表類型一樣，具有自己的優缺點。它們作為分布情形的視覺化成果，不會讓我們像使用直方圖那樣，看到多峰或雙峰分布；不過它們套用在數種分布情形時，倒是非常節省空間的做法，就像選舉的例子一樣。

在倫敦上下班時間避開地鐵，會讓你更好呼吸

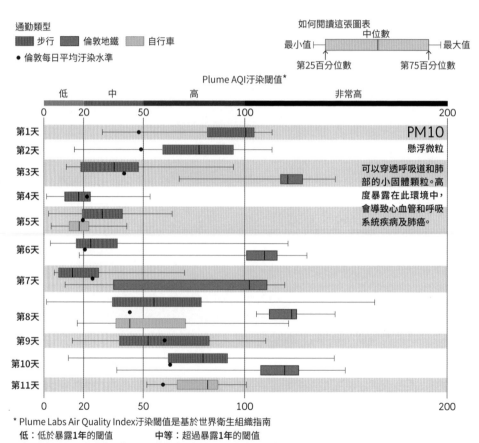

* Plume Labs Air Quality Index汙染閾值是基於世界衛生組織指南
低：低於暴露1年的閾值　　　　中等：超過暴露1年的閾值
高：超過暴露24小時的閾值　　非常高：超過暴露1小時的閾值

圖片：Steven Bernard，資料來源：Plume Labs、環境食品與鄉村事務部（Defra）、金融時報研究，收錄於 Leslie Hook, Neil Munshi, How safe is the air we breathe?, *Financial Times*, September 5, 2019. 參見 https://www.ft.com/content/7d54cfb8-cea5-11e9-b018-ca4456540ea6。

　　一旦你知道如何讀懂箱形圖，它們複雜卻具有教育意涵的價值就顯而易見了。上圖描繪倫敦通勤族面臨的微粒汙染物，由我的同事伯納德繪製，就是一個很好的範例。

　　伯納德聰明地利用箱形圖的每一列，呈現不同日期的資料，讓它成為呈現**分布**情形與**隨時間變化**的視圖。他使用顏色表示交通工具的類別，意味著我們可以在資料中看到非常清晰的訊息（如果你想避免最嚴重的汙染源，請不要搭乘地鐵），但是不用繪製這份研究蒐集的所有成千上百個資料點。

　　資料視覺化領域持續創新，並尋找解決傳統圖表類型限制的新方法。為了將分布情形視覺化，最近有一種命名帶有懷舊感的圖表人氣暴增：蜂群圖（Beeswarm Plot）。

蜂群圖

　　這裡所有的點都是依據點狀條紋圖的做法繪製，但是為了避免點會重疊，每個點都是隨機移動，或者是說「散動」，這樣就可以看到連同分布形狀在內的所有資料，是一種成效極佳的技巧。

Boohoo 在產業透明度指標的得分很低

2020 年全球 250 個最大時尚品牌的透明度指數得分（%）

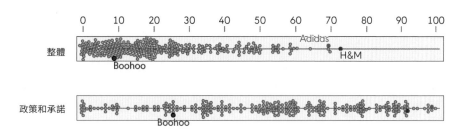

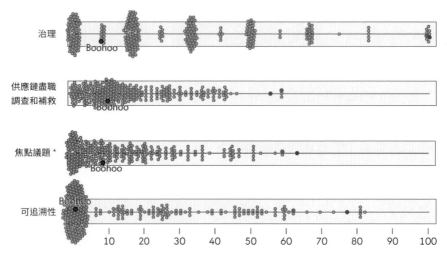

* 評估品牌在解決強迫勞動、性別平等、薪資、結社自由、廢棄物、循環、生產過剩、永續材料、減少塑膠使用、森林砍伐、氣候變遷和用水的表現。

資料來源：時尚透明度指數（Fashion Transparency Index），收錄於 Robert Wright in Leicester and Patricia Nilsson in London, How Boohoo came to rule the roost in Leicester's underground textile trade, July 11, 2020. 參見 https://www.ft.com/content/bbe5dfc5-3b5c-41d2-9637-50e91c58b26b。

　　如果你仔細觀察就會發現，在許多情況下，「散動」的過程會將點從它在透明度指數得分的精確位置移開。舉例來說，如果你檢視「可追溯性」那一列開頭的一大叢小點，它們的得分都是 0，這是因為圖表背後的位移演算法讓它們盡可能接近 0，而不是強制小點彼此重疊。

　　這是一種有效的技巧，但精準度就必須稍微妥協。我會使用蜂群圖凸顯個別小點在分布範圍中的廣泛位置（就像英國服飾電商 Boohoo 的例子）；但是如果我希望讀者解讀軸線上的數值，以便量化個別分數，就不會使用蜂群圖。

　　就像散布圖一樣，我們可以在蜂群圖加入顏色和大小的變化，以便增添分類與量的比較元素。這張蜂群圖顯示女性在金融企業裡的基層、中階及高階職位分布，但也讓我們看到廣泛的員工數量及其財務部門。

管理階層中的性別多樣性低落

2017 年女性比例（%）*

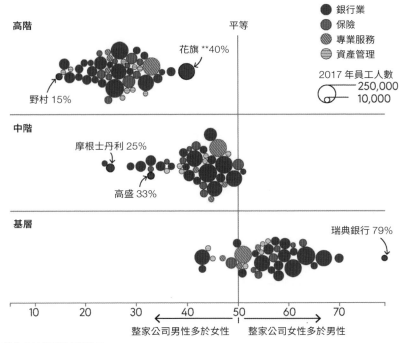

* 某些組織的資料僅針對本國地區。

** 包括英國金融時報的估計；花旗的「高階」職務也包括中階管理者。

圖片：Liz Faunce、Helena Robertson，資料來源：各家公司、金融時報研究，收錄於 Laura Noonan, Oliver Ralph and Jennifer Thompson, Executives optimistic on improving gender diversity, September 10, 2018. 參見 https://www.ft.com/content/80200a46-b27c-11e8-8d14-6f049d06439c。

羅倫茲曲線

　　我們在本章一開始就研究收入不均，這個主題經常涉及分布情形的視覺分析。事實上，有一種類型的圖表便是專門為了這個目的設計的。

　　1905 年，美國經濟學家馬克斯·奧圖·羅倫茲（Max Otto Lorenz）還只是一個大學生，卻發明一張看起來很簡單的圖表：人口累計比率與收入累計

比率之間的關係。今天我們的習慣做法，是將人口比率繪製在橫軸（x 軸），所得比率繪製在縱軸（y 軸），不過羅倫茲的原始版本卻採用完全相反的布局。

在**羅倫茲曲線**（Lorenz Curve）上，從左下角到右上角的對角線先提供重要的背景脈絡，這條線代表完全平均的分布，也就是收入在整體人口中平均分配，接著繪製需要被量測的數據以供解釋。正如羅倫茲所說的：

「帶有不平均分布情形的曲線，將會在相同的點開始並結束，就和完全平均的分布（0 和 100）一樣，但是它們會在中間的位置彎曲，弓線越彎曲，就會越吸引注意。」

換句話說，弓線彎曲的幅度越大（代表真實數據）、偏離對角線越遠，不平均程度就越高。

讓我們回到上一章探討**相關性**期間看到的美國醫療保健悖論。美國人怎麼會花這麼多錢在醫療保健領域，但預期壽命卻沒有什麼改善？

羅倫茲曲線

根據羅倫茲在 1905 年發明的原圖繪製

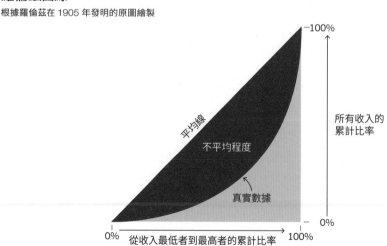

　　答案有很大一部分是，美國的醫療保健支出不是平均分布，而且差距讓人震驚，前 5% 的花費者就貢獻全國所有醫療保健支出的一半。

　　這是套用羅倫茲曲線的絕佳機會，你可以看到，由此產生的「彎弓」看起來即將被拉斷。將如此偏離的分布情形視覺化，可說是赤裸裸的提醒，為什麼只看簡單的國家平均數會帶來危險。

美國的醫療保健支出分布不均

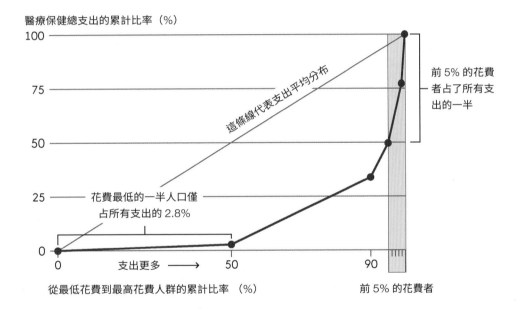

資料來源：2016 年 11 月醫療支出小組調查（Medical Expenditure Panel Survey），收錄於 The huge disparities in US life expectancy in five charts. 參見 https://www.ft.com/content/80a76f38-e3be-11e6-8405-9e5580d6e5fb。

第 8 章

呈現流向

向讀者顯示兩種、好幾種狀態、情境之間的流動量或流動強度,可能是邏輯關係或地理位置。

許多人以為,全世界需要的圖表是我們已經使用好幾個世紀的圖表:折線圖、長條圖和圓餅圖,其他的圖表都「太複雜」了。說實話,每張圖表都有必要在看到的 5 秒內就讀懂嗎?

有時候我們需要將瀏覽一張視覺影像,然後做出相關決定的時間減到最少,汽車儀表板就是很好的例子,我想每位駕駛都會把讀懂螢幕訊息的速度當作頭號大事。

簡單圖表的另一個優勢就是,你通常不需要向讀者解釋,那不見得代表它們會比其他類型的圖表更「直覺」,不過多數人可能在受教初期就發展出解讀的能力,也許甚至在小學時期就已經如此。

簡單圖表的最大優勢當然就是簡易程度,但這也是它們最大的限制所在。一旦我們要檢視涉及流向的資料時,這個限制就再明顯不過了。

流向是人類與生俱來的互動欲望的自然結果,人群(移民)、貨物(貿易)、貨幣(金融),甚至公司所有權等,都受制於本質往往十分複雜的交易、連結或流動。

舉下表為例，表面上看起來不是太嚇人。表格內總共只有 64 個數字，把這些資料轉換成圖表以便說明一些事情，到底會有多困難？

全球併購活動
2017 年，依地區劃分（10 億美元）

起源地↓ / 目的地→	中國	北美洲	拉丁美洲	歐洲	亞洲 *	日本	其他	
中國	431.1	3.6	1.2	0.9	28.6	5.8	0.1	471.4
北美洲	15.4	1,297.7	11.3	122.3	23.5	31.4	6.4	1,508.2
拉丁美洲	7.8	19.8	48.0	24.9	6.6	0.1	0.2	107.4
歐洲	41.4	167.6	7.2	576.7	38.7	6.8	9.4	847.9
亞洲 *	69.7	33.8	6.6	53.8	252.5	12.2	5.5	434.2
日本	2.0	23.9	0.0	1.3	2.8	40.0	0.0	70.0
其他	4.1	26.0	1.9	11.1	1.4	2.0	18.0	64.6
	571.6	1,572.5	76.3	791.1	354.1	98.3	39.8	3,503.7

資料來源：金融資料供應商路孚特（Refinitiv）。

這張表格顯示 2017 年全世界所有企業併購的總值，分組編入 7 個地區。你會看到每個地區都列出兩次：一次是在表格最左側；另一次則是在表格最上列。那是因為這種類型的資料集被稱為**起迄矩陣**（Origin-Destination Matrix），主要是顯示雙向流向，也就是被收購企業的**起源地**和收購企業或合併實體的**目的地**。

其實早在考慮圖表類型時，就應該體認到表格本身超級好用。它的結構清晰，目的地以欄條列、起源地以列條列，讓讀者很快就能準確查詢包括總額在內的任何數值，那就是表格的好處。

然而，表格的不足之處在於找出存在資料中的**模式**。試圖理解數字之間的關聯很困難，這是因為如果讀者想要互相比較數字，就需要在工作記憶中儲存大量資訊，創造心理學家所謂的高「認知負荷」（Cognitive Load）。

所以，這正是視覺化上場的時機。首先，讓我們看看可以怎麼使用傳統圖表來呈現。

在典型的三大「簡單」圖表中，我們或許應該先選用圓餅圖，畢竟它就是設計用來顯示**部分和整體**的關係，然後明確地將全球併購活動細分區域。

不過很快就會遇到問題，我們的圓餅圖一次只能處理這些資料的單一欄或列。舉例來說，我們可顯示以中國為目的地的併購活動如何構成，但是僅此而已。

單獨的圓餅圖不適合顯示流向資料
2017 年中國對內併購（10 億美元）

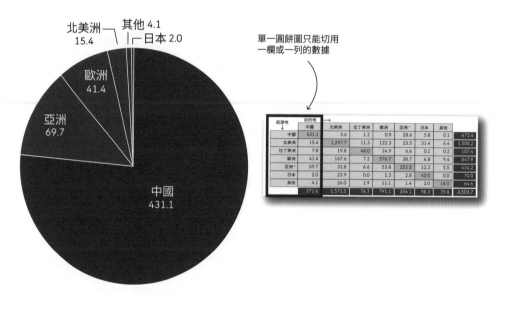

資料來源：路孚特。

當然，我們可以產出 7 張單獨的圓餅圖，也就是每個地區各 1 張，不過即使如此，也只會看到**對內**併購活動。我們還需要另外 7 張圖顯示**對外**併購活動，然後再用 1 張顯示對內總額，1 張顯示對外總額。

試圖比較細分成 16 張的不同圓餅圖，進而理解模式，甚至會比表格更加困難。所以應該停止這種瘋狂行為，因為使用大量圓餅圖會把我們帶回前述的工作記憶困擾，這正是在圖解時最想擺脫的問題。

讓我們試著使用另一種專門設計用來處理這種資料類型的圖表——「弦圖」（Chord Diagram）。

弦圖

這種類型的圖表最初被視為 Circos 工具的一部分，是一項基因體序列相關資料的視覺化形式，由加拿大溫哥華的麥可史密斯基因組科學中心（Michael Smith Genome Sciences Centre）科學家所開發。

藉由這項描述，你可以看出它是一種複雜的視覺化，由科學家設計用於顯示複雜的資料。正如所有陌生的圖表，我們需要學習如何正確解讀，讓我們透過一連串的步驟完成。

製作弦圖的第一項工作，就是要構成它的外形。這部分工作有點像是圓餅圖，在我們的例子中，是要依照地區顯示對外交易的價值（是指表格的**起源地**）。截至目前為止，都還算簡單。

看懂「弦圖」

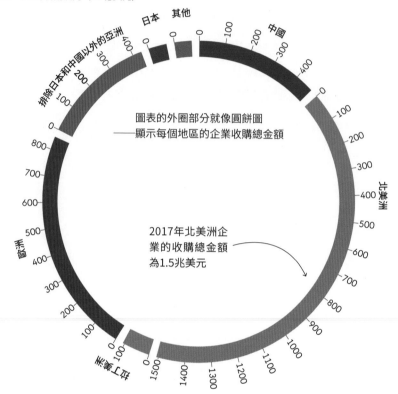

2017 年全球併購流向（10 億美元）

圖表的外圈部分就像圓餅圖——顯示每個地區的企業收購總金額

2017年北美洲企業的收購總金額為1.5兆美元

資料來源：路孚特，收錄於 Arash Massoudi, M&A boom set to continue in 2017, *Financial Times*, December 30, 2016. 參見 https://www.ft.com/content/0e9afdce-cdb6-11e6-b8ce-b9c03770f8b1。

接著，我們需要理解圓圈內每個地區，都可以被細分成併購交易案的**目的地**，為此需要接納多一點的複雜性。在下圖中細分北美洲對外的交易，以便顯示這些地區的目的地。

更詳細的外圈部分

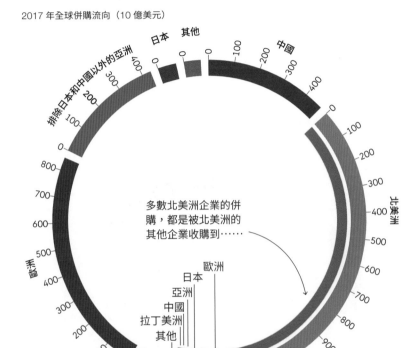

2017 年全球併購流向（10 億美元）

資料來源：路孚特，收錄於 Arash Massoudi, M&A boom set to continue in 2017, *Financial Times*, December 30, 2016. 參見 https://www.ft.com/content/0e9afdce-cdb6-11e6-b8ce-b9c03770f8b1。

　　在這個階段，我們需要思考這些資料裡至關重要的雙向流向：北美洲企業收購歐洲企業，以及歐洲企業收購北美洲企業。如果我們畫出一條連接這兩個資料點的「弦」，就是把北美洲和歐洲之間的相互關係視覺化：弦兩端之間的長度，反映那個地區對外的交易規模。

　　請留意，資料集的主要部分是從未離開當地的交易，例如北美洲企業的收購金主是其他的北美洲企業。我們畫出這樣只與自身相連的弦，就能呈現這些概念。

繪製「弦圖」

2017 年全球併購流向（10 億美元）

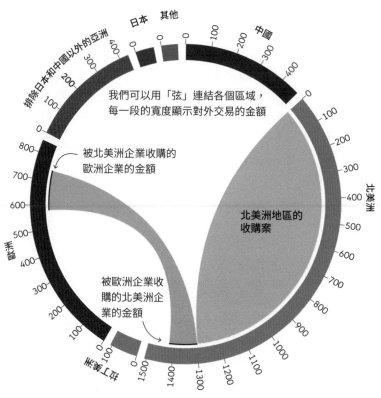

我們可以用「弦」連結各個區域，每一段的寬度顯示對外交易的金額

被北美洲企業收購的歐洲企業的金額

北美洲地區的收購案

被歐洲企業收購的北美洲企業的金額

資料來源：路孚特，收錄於 Arash Massoudi, M&A boom set to continue in 2017, *Financial Times*, December 30, 2016. 參見 https://www.ft.com/content/0e9afdce-cdb6-11e6-b8ce-b9c03770f8b1。

　　在所有起源地和它們的目的地之間畫弦，代表 64 個數字現在都可以在單一圖形裡看到。不過我們需要提升清晰度，以便顯示資料中的模式。

讓圓圈更清晰

2017 年全球併購流向（10 億美元）

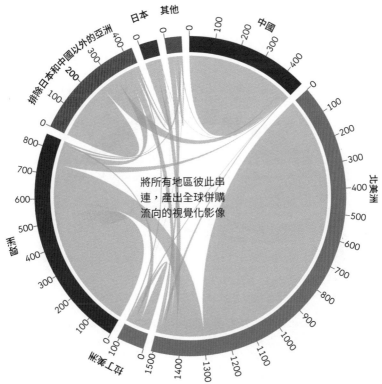

將所有地區彼此串連，產出全球併購流向的視覺化影像

資料來源：路孚特，收錄於 Arash Massoudi, M&A boom set to continue in 2017, *Financial Times*, December 30, 2016. 參見 https://www.ft.com/content/0e9afdce-cdb6-11e6-b8ce-b9c03770f8b1。

我們可以使用顏色闡明弦及其代表的意義。在這個例子裡，使用顏色來彰顯併購關係的主導者是合理做法。

舉例來說，如果我們看描繪北美洲和歐洲關係的第一條弦，現在變成淺藍色，和北美洲外部區段的顏色相同，那是因為北美洲收購歐洲企業的金額高於歐洲收購北美洲企業。

從全球觀點看併購活動

2017 年全球併購流向（10 億美元）

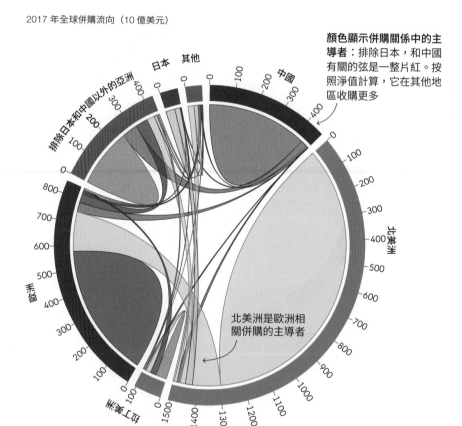

顏色顯示併購關係中的主導者：排除日本，和中國有關的弦是一整片紅。按照淨值計算，它在其他地區收購更多

北美洲是歐洲相關併購的主導者

資料來源：路孚特，收錄於 Arash Massoudi, M&A boom set to continue in 2017, *Financial Times*, December 30, 2016. 參見 https://www.ft.com/content/0e9afdce-cdb6-11e6-b8ce-b9c03770f8b1。

檢視中國的弦，可能相對單薄，但是除了和日本相連的弦外，其他都是紅色，代表中國幾乎是所有併購交易的主導者。

在牢牢掌握圖表原理後，其他的模式就陸續出現，先不談別的，現在我們可以看到：

- 單就對外的併購活動金額來說，北美洲是最大地區，而且多數活動都發生在北美洲內部。
- 歐洲在和亞洲的關係中占據主導地位。
- 日本在自身的活動中占據主導地位，但是整體規模相對較小。

2017 年 12 月，我們在《金融時報》的併購活動年終回顧專題中，發布這張弦圖的一個版本，並附上圖解說明。這張圖同時刊登在線上和隔天的紙本報刊。

這是一次經過深思熟慮的嘗試，想要介紹讀者一種新形式的圖表，而且我們可能會定期反覆使用這種設計（《金融時報》通常每季都會發布一次併購活動摘要）。

在線上和紙本報刊上發表圖形有很多不同之處，其中最顯著的差異是，線上的即時回饋馬上就會出現在評論區。因此，當我們準備好漂亮的紙本圖形後，就到了上網看看讀者怎麼想的時刻。

才短短幾分鐘，第一則讀者評論就出現了，使用者名稱是「SimpleTruth」，內容恰如其分地殘酷。

「那張弦圖用來呈現資訊實在很恐怖。」

這則訊息很快就被其他 5 名讀者按讚。在這個階段,我承認覺得有點崩潰。但是過了幾分鐘後,有不同的回饋出現:

「超棒的圖表,有效呈現複雜量化素材的視覺效果。我投這張『弦圖』是年度最佳圖表。」(隨後是 24 個讚)

我在回顧這張圖表的成功與否時,最重要的元素是讀者評論,也就是按讚或按倒讚的比率各為多少。5 個有效的「倒讚」和 24 個「讚」已經明顯證實,雖然我們是在敦促讀者理解一種全新的複雜圖表類型,但大多數人都滿意它帶來的資訊回報。

至於倒讚,永遠會有人覺得,所有圖表都可以,並且應該只要用圓餅圖、折線圖和長條圖就好。正如這個例子所示,這種僵化的立場意味著,他們很可能在不知不覺中錯過重要的見解。

關於弦圖的最後一個思考,是使用顏色的問題,這可能會讓某些讀者不知所措,特別是對那些有色覺辨認障礙的讀者。有一個解決方案是單純聚焦資料集的特定部分,以這個例子來說,是指中國。

中國在多數和它相關的併購交易中是主導者

2017 年全球併購流向（10 億美元）

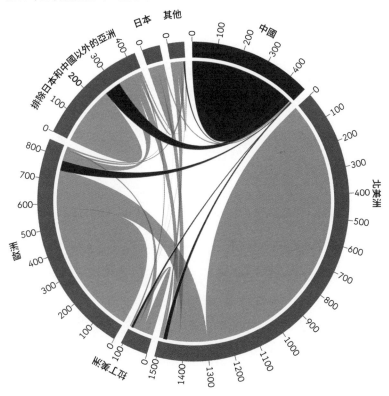

資料來源：路孚特，收錄於 Arash Massoudi, M&A boom set to continue in 2017, *Financial Times*, December 30, 2016. 參見 https://www.ft.com/content/0e9afdce-cdb6-11e6-b8ce-b9c03770f8b1。

　　限制用色讓你在中國和其他弦之間創造鮮明對比，即使是灰階圖表亦然。像這張複雜的線上圖表，就受益於互動性，讓讀者可以反覆探索資料，而非限於單一視角。

中國在多數和它相關的併購交易中是主導者

2017 年全球併購流向（10 億美元）

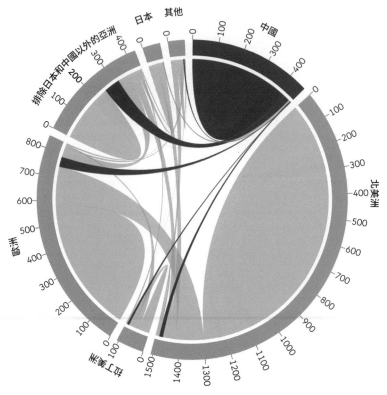

資料來源：路孚特，收錄於 Arash Massoudi, M&A boom set to continue in 2017, *Financial Times*, December 30, 2016. 參見 https://www.ft.com/content/0e9afdce-cdb6-11e6-b8ce-b9c03770f8b1。

19 世紀的軍事工程師，能告訴我們關於 21 世紀法國政治的什麼事？

除了大流行病外，或許選舉是最公開的資料視覺化事件。選前階段就有投不完的票、選舉之夜計算結果，然後就是回顧性分析這段時間以來發生的事情，一路上都是靠著明智審慎地使用圖表走來。

　　但是在多數情況下，我們為了「保持簡單」，經常看到極為直接的選舉資料圖表。如何無痛視覺化 2017 年法國大選的出口民調數據？

馬克宏擠掉勒龐

2017 年法國總統大選第一輪得票率（%）

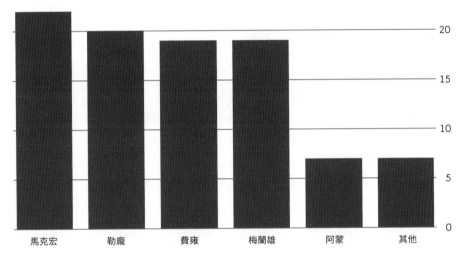

資料來源：法國民調機構民意之路（OpinionWay）。

　　這張圖很乾淨、清楚又簡單，可以看出每位候選人得票**量的比較**〔中間派候選人艾曼紐・馬克宏（Emmanuel Macron）的得票數，是社會黨候選人伯努瓦・阿蒙（Benoît Hamon）的 3 倍左右〕，還有**排序**（極右派候選人瑪琳・勒龐（Marine Le Pen）位居第二，左派候選人讓・呂克・梅蘭雄（Jean-Luc Mélenchon），以及共和黨的法蘭索瓦・費雍（François Fillon）並列第三〕。這張圖表就算說明有限，但仍然很有用。

　　選舉會這麼有意思的原因之一，就是它們反映出政治命運的起落。以下是 5 年前舉行的同一種選舉中，完成的出口民調結果。

歐蘭德贏得第一輪選舉

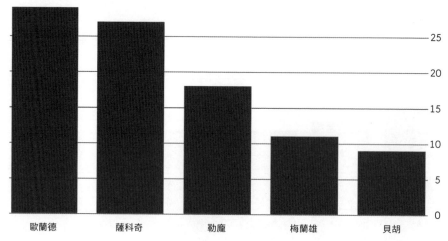

2012 年法國總統大選第一輪得票率（%）

資料來源：民意之路。

　　同理，很簡單就能比較 2012 年候選人的得票數。不過仔細對照一下 2012 年和 2017 年的圖表，幾乎不可能看出兩場選舉之間的政治故事，它們都只是某個時間點的快照，所以比較和解讀很困難。甚至候選人名單也大不相同，所以我們要怎麼對照兩張圖，歸納出有意義的評論？

桑基圖

　　到了使用另一種流向圖的時刻，這次的圖表命名由來是 19 世紀愛爾蘭陸軍工程師上尉馬修・亨利・費尼亞・里歐・桑基（Matthew Henry Phineas Riall Sankey）上尉。所幸，出於簡潔起見，這種圖表只採用他的姓氏命名，因此就叫做桑基圖。

忠誠轉向

法國總統大選第一輪得票率（%）

資料來源：民意之路，2017 年對 9,010 位選民進行的出口民調，收錄於 Eir Nolsoe and Ella Hollowood, Emmanuel Macron's election victory over Marine Le Pen in charts, *Financial Times*, April 25, 2022. 參見 https://www.ft.com/content/f9f5009b-9f67-4d16-920e-22e91449a031。

　　這張圖表標示出和之前的柱狀圖相同的資料，但是還涵蓋取自出口民調的額外資訊。這些額外資訊和併購交易弦圖一樣，創造出一個資料矩陣，讓我們可以理解 2012 年至 2017 年之間的選民流向。

　　因此，我們依舊看到和柱狀圖完全一樣的資訊，因為左側和右側分別標示出 2012 年與 2017 年的全部候選人。但至關重要的是，它現在進一步顯示非常有用的見解，可以藉由顯示不同候選人之間的選票**流向**，進而理解2017 年候選人拿到的選票都是來自**何處**。每個流向區段的寬度都依照比例調整大小。

　　我們可以先看看馬克宏，他有許多選票來自之前支持中間偏左派社會黨候選人法蘭索瓦・歐蘭德（François Hollande），但是右派候選人尼可拉斯・薩科吉（Nicolas Sarkozy）和中間路線候選人法蘭索瓦・貝胡（François

Bayrou）的貢獻較少。對比 2017 年勒龐的票數流向，幾乎所有票源都來自 5 年前也曾投票給她的選民，這就表示她擁有一票死忠鐵粉，但是通常無法從其他領域再獲得顯著的票數。

　　這是一張美麗又搶眼的圖表，和我們的弦圖一樣，需要讀者花費較長時間仔細研究，或許甚至要花幾分鐘。它可能不像前面的柱狀圖那樣馬上就能讀懂，但是其實透露更多。

疫苗接種優先族群細分表

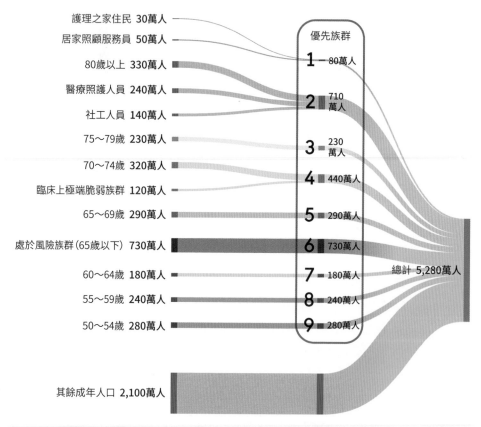

資料來源：英國衛生與照護關懷部（Department of Health and Social Care）。圖片：Ian Bott，收錄於 Ian Bott and Clive Cookson, In graphics: the UK vaccine supply chain, *Financial Times*, January 30, 2021. 參見 https://www.ft.com/content/8b48a853-5b14-4378-91d4-17026fa15472。

　　在你會看到的桑基圖裡，法國選舉圖表算是最簡單的代表。桑基上尉就如同其他的資料視覺化先驅，好比普萊菲爾及法國的查爾斯‧米納德（Charles Minard），都是工程師。他的同名圖表通常用來表示，幾道通過比較複雜系統的流向，通常會歷經更多「階段」，而不只是我們例子裡所標示的兩場選舉。

　　上頁是我的《金融時報》同事伯特繪製的桑基圖，顯示 2021 年英國安排新冠肺炎疫苗接種計畫的優先族群。圖中的九大優先族群可以細分成 13 種。

最近針對紐約市長初選進行的調查中，
艾瑞克‧亞當斯 (Eric Adams) 在計算完 12 輪排名選擇投票後獲勝

基於 6 月 3 日至 9 日進行的 WNBC/Telemundo 47/POLITICO/Marist 民調

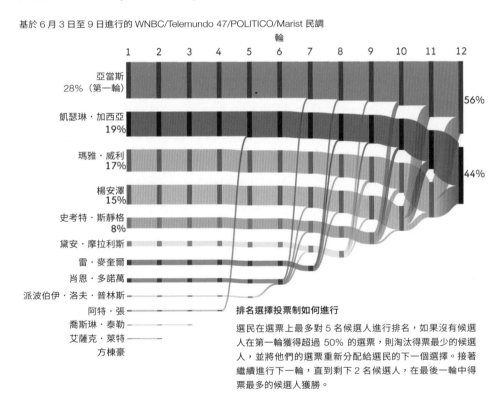

排名選擇投票制如何進行

選民在選票上最多對 5 名候選人進行排名，如果沒有候選人在第一輪獲得超過 50% 的選票，則淘汰得票最少的候選人，並將他們的選票重新分配給選民的下一個選擇。接著繼續進行下一輪，直到剩下 2 名候選人，在最後一輪中得票最多的候選人獲勝。

靈感來自 RCVis.com 上的圖片。不包括未決定的選民。

資料來源：FairVote，計算 WNBC/Telemundo 47/POLITICO/Marist 民調中 876 名民主黨初選選民。

金融時報圖表：Christine Zhang / @christinezhang，收錄於 Gordon Smith, Jennifer Creery and Emily Goldberg, FirstFT: Today's top stories, *Financial Times*, June 22, 2021. 參見 https://www.ft.com/content/ebc5fc9d-fa13-4649-bb57-85baf18715c3。

請留意，族群 2 實際上是由 3 個獨立的子族群構成。然後優先族群再和所有其他族群集合，構成位於最右側的英國成年人口總量。你根本無法使用圓餅圖傳達這類資訊。

在上頁另一個例子中，紐約市長競選採用全新的排名選擇投票制（ranked-choice voting system），克莉斯汀・張（Christine Zhang）繪製這套系統在 12 輪選舉期間如何發揮作用。受到 RCVis.com 網站上一張圖形啟發，每輪投票都可以清楚顯示在長條圖上。但是說到連續幾輪投票的單一複合視圖，還是桑基圖的處理手法最優雅。

最後，讓我們轉向張繪製的另一張強力互動式視覺化例子，為關於視覺化流向與互動的挑戰和回報做總結。

網絡圖

2020 年，非裔美國人喬治・佛洛伊德（George Floyd）被一名明尼亞波利斯警察謀殺致死，事發後有一段時間，官方加強針對警察不當行為的審查。涉案的白人警員戴瑞克・蕭文（Derek Chauvin），在警察生涯中至少收到 19 起投訴，只有 1 起遭到紀律處分。不過這類一連串的投訴有多典型？蕭文的行為是否代表同儕都如此？

西北大學（Northwestern University）社會學家安德魯・帕帕克里斯托斯（Andrew Papachristos）和同事完成的分析顯示，儘管實際情況相對罕見，但是投訴率高的警官可能會讓同事一同加入「不當行為網絡」———一票警官都在數起投訴案中被點名。

下方這張他們研究的**網絡圖**（Network Graph）顯示，在芝加哥第五區的不當行為投訴中，被點名警官之間的互動。每一條線代表警官之間的互動。雖然許多警官只會和另一位警官互動，但圖表顯示的驚人模式則是，確實有一些彼此串連的警官群聚。

警官之間不當行為的群聚圖

來自芝加哥一個警區的警官，因至少 1 起針對民眾的不當行為被投訴

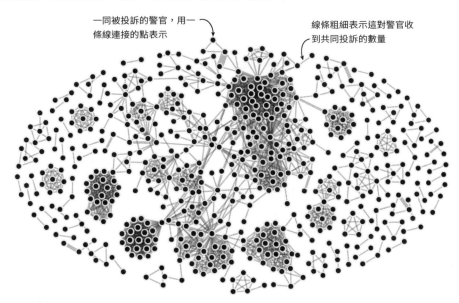

一同被投訴的警官，用一條線連接的點表示

線條粗細表示這對警官收到共同投訴的數量

資料來源：Invisible Institute、George Wood、Daria Roithmayr、Andrew Papachristos，收錄於 Claire Bushey, Small share of US police draw third of complaints in big cities, *Financial Times*, May 28, 2021. 參見 https://www.ft.com/content/141182fc-7727-4af8-a555-5418fa46d09e。

　　這張圖表的力量不在於實現量化，畢竟計算這張圖表上的點會是十分吃力不討好的工作，更重要的是，它凸顯群聚真的存在。它和許多資料視覺化一樣，重點在於繪製出**模式**，而不是數字本身。或者就像帕帕克里斯托斯所說的：「越軌行為是一種群體行為⋯⋯這種不過就只是『老鼠屎』的想法，總是沒有記取其他類似的教訓。一粒老鼠屎，壞了一鍋粥。」

第9章

在依序排列的表單上，當某項事物的位置比自身的絕對數值或相對數值更重要時使用，別害怕凸顯讓人感興趣的重點。

對真正帶有重要洞見的圖表來說，脈絡至關重要，因為它會針對某個重要問題，提供我們一目瞭然的答案，也就是「和什麼相比？」沒有數字本身就代表大或小，我們需理解脈絡才能判斷。

圖表中常見的脈絡是**時間**（與去年相比……），以及**地點**（與北方相比……）。**排序**則是透過相對表現來呈現脈絡（和我們的競爭對手相比……）。

在強調排名的圖表裡，可以在數據中看到第一、第二、第三等順序位置，經常和可以看到這些排名的來源數字一樣重要，正是視覺化辭典所建立的關係，讓我們得以聚焦贏家與輸家。

事實上，有些圖表類型聚焦排名時，會犧牲我們同時解讀潛在測量值的能力。

凹凸線圖

　　這張**凹凸線圖**（Bump Chart）描繪曼徹斯特城（Manchester City）在足球俱樂部財富排行榜（Football Money League）急速攀升，但是並沒有讓我們看到俱樂部本身創造多少收入，反而顯示俱樂部本身的收入**排名**如何**隨時間變化**，這部分畫得非常清楚。

　　請留意，它採用我們在第 5 章曾介紹比較正統的折線圖，多數線條都被當作背景，以便讓重點系列被凸顯在最上方（在這個例子中，就是指曼徹斯特城）。如果少了這種技法提供的清晰度，圖表本身會糊成一坨麵條。

曼徹斯特城足球俱樂部在財富排行榜中飆升

總收入排名

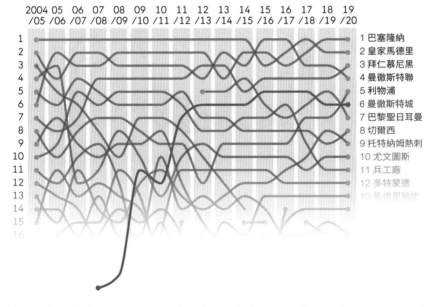

資料來源：德勤，收錄於 Murad Ahmed and Patrick Mathurin, Man Utd's financial success belies its on-pitch performance, January 25, 2019. 參 見 https://www.ft.com/content/9d1e5e68-208b-11e9-b126-46fc3ad87c65。

在持續變化的表單中，如果你只需要確認**位置**，以利檢視關鍵趨勢時，凹凸線圖就很管用，好比下圖澳洲礦商必和必拓（BHP）的市值，提升到英國富時 100 指數（FTSE 100）的龍頭位置。如同足球俱樂部財富排行榜圖表，我們無法看到數據本身，但是可以看見相對表現的簡單趨勢。有時候，這些可能就是你需要的結果。

必和必拓升到富時 100 指數龍頭

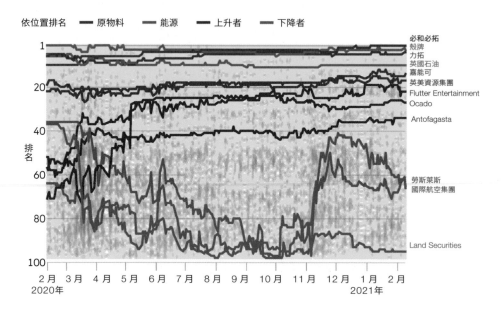

圖片：Bob Haslett、Patrick Mathurin，資料來源：Bloomberg appeared in Neil Hume, How BHP became the UK's biggest listed company, *Financial Times*, February 13, 2021. 參見 https://www.ft.com/content/2da09da5-3034-4418-9eef-029dbef7fcfe。

只是萬一我們想要看到排名本身，**以及**它們的實際數值，又該怎麼辦？

點狀條紋圖

回頭檢視我們在第一張凹凸線圖看到的資料，**帶狀圖**（Strip Plot）針對世界頂尖俱樂部的收入**分布**，提供一種有效、緊湊的視覺化效果。所有的點都沿著同一條線按照收入井然有序地排列，因此也很容易就看到這些點的順序，也就是排名。

它透露凹凸線圖隱藏大量資料，最顯著的就是收入資料中的差距和集群，只檢視單純的序列排名時無法看見。儘管凹凸線圖呈現了近期的進步，但你還是可以看到，曼徹斯特城足球俱樂部依舊落後榜首 1.5 億歐元以上。

巴塞隆納在財富排行榜中稱冠

2019 年／ 2020 年收入排名前二十的足球俱樂部（百萬歐元）

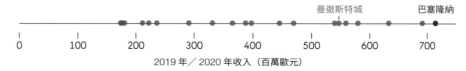

2019 年／ 2020 年收入（百萬歐元）

資料來源：德勤。

然而，就像無法看到排名如何**隨時間變化**一樣，這個緊湊的帶狀圖也讓我們很難細看個別的俱樂部，特別是一堆點擠在一起時。解決辦法可能是將這個帶狀圖打散成好幾列，每列都代表一個國家。這種做法的附加好處就是，我們現在可以看清楚國家**內部**排名和總體排名。以收入為例，我們可以看到曼徹斯特聯（Manchester United）的總體排名位居第四，在英國則是第一。

西班牙巨頭領銜收入之冠，但英超的財力亦不容忽視

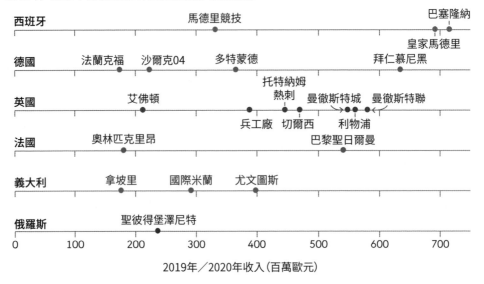

2019 年／ 2020 年收入排名前二十的足球俱樂部（百萬歐元）

資料來源：德勤。

排序資料的重要性

當然，我們可以只使用長條圖，然後根據收入排序這些長條。這種圖表顯示，排名經常作為可和其他關係一起視覺化的補充資料（這個例子是俱樂部收入的比較），好讓整個圖表更清晰。

請留意，如果資料是依照**字母**順序而非收入，就會得到一張劇烈起伏的圖表，這樣一來，解讀、比較數值，並且確認排名，都會變得更加困難。想測試的話，請嘗試用右頁下方圖找出收入排名第七的俱樂部。雖然可能找得到，但是困難程度會相當高（我敢打賭，這時你在腦海裡正不斷數數）。

巴塞隆納在財富排行榜中稱冠

2019 年／ 2020 年收入排名前二十的足球俱樂部（百萬歐元）

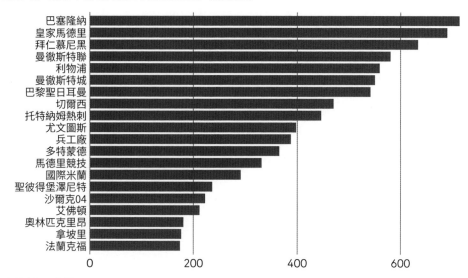

資料來源：德勤。

兵工廠在財富排行榜中稱冠——以英文字母排序

2019 ／ 2020 年收入排名前二十的足球俱樂部（百萬歐元）

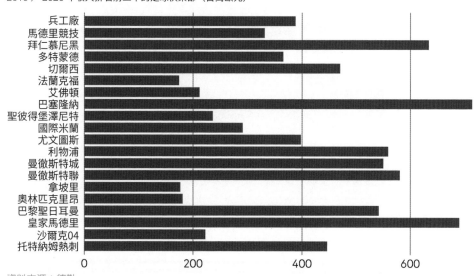

資料來源：德勤。

　　依照字母順序排列分門別類的資料，有時候也很有用，特別是當我們預期讀者會掃視所有資料，想要找出特定項目時。不過通常這麼做的最適當時機，是採用表格而非圖表形式呈現。

　　採用依照金額數字的排序，有可能會做出可讀性極低的可怕圖表。下方圖表以**成對長條圖**比較美國各家銀行的股利變化，和上述依照字母順序排列的足球俱樂部圖表存在類似問題，唯一不同的是，這些資料完全沒有應用任何邏輯排序，而且還包含一個**隨時間變化**的元素，因為它凸顯新、舊股利之間的差異，導致我們更加困惑。

股利政策變動

經過聯準會的壓力測試，許多美國最大的銀行增加股利發放

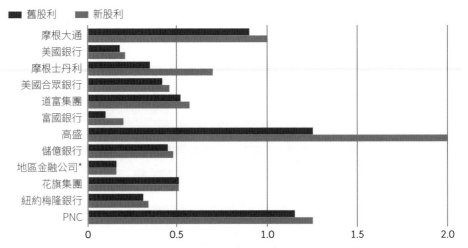

* 地區金融公司將在 2021 年 7 月的董事會上考慮增加股利。

資料來源：銀行公開聲明，收錄於 Joshua Franklin and Imani Moise, US banks to pay extra $2bn in quarterly dividends, *Financial Times*, June 29, 2021. 參見 https://www.ft.com/content/1c904432-479c-45b3-84e5-857a06bdadb5。

股利政策變動

經過聯準會的壓力測試，許多美國最大的銀行增加股利發放

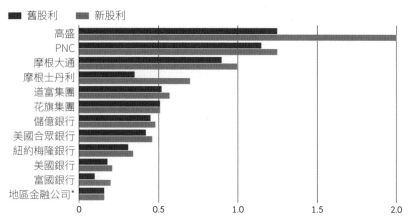

* 地區金融公司將在 2021 年 7 月的董事會上考慮增加股利。

資料來源：銀行公開聲明，收錄於 Joshua Franklin and Imani Moise, US banks to pay extra $2bn in quarterly dividends, *Financial Times*, June 29, 2021. 參見 https://www.ft.com/content/1c904432-479c-45b3-84e5-857a06bdadb5。

　　讓我們檢視依照新股利價值排序的資料，這張圖表馬上感覺看起來更簡單。也請留意，我們的目光更容易受到那些新、舊股利政策差距較大的銀行吸引，好比摩根士丹利（Morgan Stanley）。對製作這類簡單排序資料的圖表來說，這樣的發現頗具意義。

　　然而，我們應該小心陷阱，不要把這種手法想成表現排序變化的唯一方式。成對長條圖有一個很大的缺點，就是你只能依照「之前」或「之後」這麼一個元素排序。

　　採用成對長條圖時，不可能清楚呈現兩個時段的排序。舉例來說，在接下來這張生產力成長圖表中，資料是依照 1996 年至 2005 年期間的成長加以排序。早期的排名很容易就能看出，但是近期的排名就必須要一邊數、一邊記，才能得出結果。

2005 年後主要經濟體的生產力成長大幅下降

勞動生產力年度變化（%）

■ 1996～2005年　■ 2006～2017年

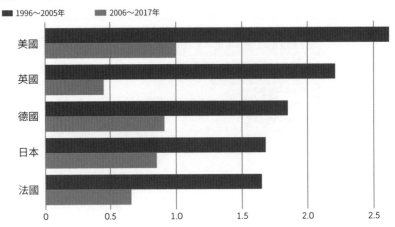

資料來源：牛津大學，收錄於 How to create a durable economic recovery. 參見 https://www.ft.com/content/cfb2bd91-6a77-4b5a-8423-b922f6754179。

坡度圖

　　把同樣資料做成坡度圖是更好的解決方案，讓我們一眼就能看到資料中的大小、**量的比較**、**隨時間變化**和**排序**的關係。

　　請留意，我們現在可以清楚看到，每個國家在相同**兩個時段**的排名：當美國占據龍頭地位時，英國從第二名下滑到第五名，敬陪末座。兩個時段之間的向下移動，比原本的成對長條圖更容易吸引我們的目光。

　　坡度圖也更有力地支持圖表標題，因為它的陡峭角度反映出生產力成長大幅衰退。這種技巧非常適合製作可讀性極高的圖表，但實際上卻沒有被充分使用。

2005 年後主要經濟體的生產力成長大幅下降

勞動生產力年度變化（%）

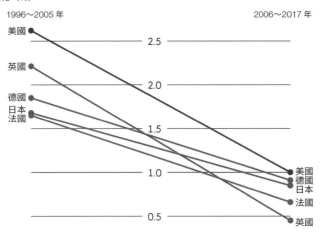

資料來源：牛津大學，收錄於 How to create a durable economic recovery. 參見 https://www.ft.com/content/cfb2bd91-6a77-4b5a-8423-b922f6754179。

　　在圖表中，顏色是重要的設計考量因素，格外適用於排序型圖表。我們可以用來導入額外的細節，在接下來這個例子裡，是指呈現地理空間的資訊。

　　但是說到排序，我們的興趣往往都只落在極端值，也就是那些名列前茅或是敬陪末座的標的。所以有時候，只要善用顏色凸顯讀者會感興趣的項目就很夠用。在這麼做時，請留意圖表的標題和內容必須彼此強化，精準呈現要傳達的訊息，不能有一絲含糊。

西班牙巨頭領銜收入之冠

2019 年／2020 年收入排名前二十的足球俱樂部（百萬歐元）

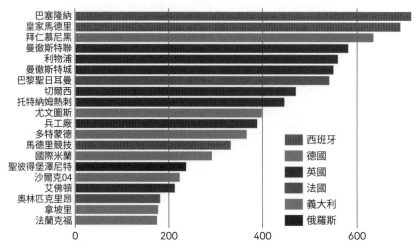

資料來源：德勤。

西班牙巨頭領銜收入之冠

2019 年／2020 年收入排名前二十的足球俱樂部（百萬歐元）

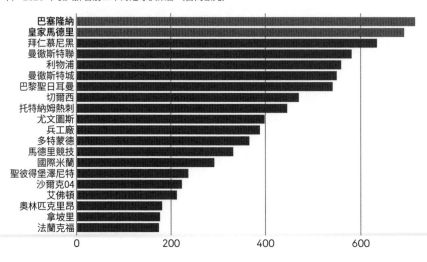

資料來源：德勤。

表格

　　最後，我們倉促地視覺化排序資料時，請不要忘記，表格應該也要放入你的排序工具箱，這種結構表非常適合用來迅速找出資料中的排序。畢竟位置很重要，這就是數十年來，足球迷埋頭鑽研聯賽積分榜的原因。

排名總是非常重要

英格蘭足球甲級聯賽 1949～1950 年決賽

排序	隊名	場數	獲勝	平手	失敗	進球	失球	平均進球*	積分	
1	樸茨茅斯	42	22	9	11	74	38	1.947	53	冠軍
2	狼隊	42	20	13	9	76	49	1.551	53	
3	桑德蘭	42	21	10	11	83	62	1.339	52	
4	曼徹斯特聯	42	18	14	10	69	44	1.568	50	
5	紐卡索聯	42	19	12	11	77	55	1.400	50	
6	兵工廠	42	19	11	12	79	55	1.436	49	
7	黑潭	42	17	15	10	46	35	1.314	49	
8	利物浦	42	17	14	11	64	54	1.185	48	
9	米德斯堡	42	20	7	15	59	48	1.229	47	
10	班來	42	16	13	13	40	40	1.000	45	
11	德比郡	42	17	10	15	69	61	1.131	44	
12	阿斯頓維拉	42	15	12	15	61	61	1.000	42	
13	切爾西	42	12	16	14	58	65	0.892	40	
14	西布朗維奇	42	14	12	16	47	53	0.887	40	
15	哈特斯菲爾德	42	14	9	19	52	73	0.712	37	
16	博爾頓	42	10	14	18	45	59	0.763	34	
17	富勒姆	42	10	14	18	41	54	0.759	34	
18	艾佛頓	42	10	14	18	42	66	0.636	34	
19	斯托克城	42	11	12	19	45	75	0.600	34	
20	查爾頓競技	42	13	6	23	53	65	0.815	32	
21	曼徹斯特城	42	8	13	21	36	68	0.529	29	降級
22	伯明翰城	42	7	14	21	31	67	0.463	28	降級

　　雖然我們很容易就把表格想成一長串數字排列，但是就像製作圖表一樣，有些原則有助提高表格可讀性：

- 向右對齊的數字要使用固定寬度的字型，這有助讀者掃視數字，也可以保持小數點、十位、百位等單位水平對齊。

- 使用相同的精確度，也就是要留意所有平均值都要顯示到小數點後三位，即使數字是 1 也一樣。

此外，要像圖表一樣，凸顯表格中讀者感興趣的頂部與底部各列，將注意力集中在主要的興趣點（point of interest），其實就是指誰贏誰輸。

這種古老就流傳下來的舊式表格，強化了排名的重要性。足球的計算方式從當時便發生變化（1980 年代，贏得一場勝利必須取得的分數從 2 分變 3 分，而且平均進球數已經被淨勝球數取代），但這不重要。對冠軍隊伍樸茨茅斯（Portsmouth）、曼徹斯特城和被降級的伯明翰城（Birmingham City）鐵粉來說，在排行榜上的位置比任何其他數字都重要。

第 10 章

強調高於或低於固定參考點的變化。一般來說，參考點是 0，但也可以是目標值或長期平均值。這些類型的圖表也經常用來顯示態度傾向（正面／中性／負面）。

促進全球公民教育能力的聯合國教科文組織（United Nations Education Scientific and Cultural Organization, UNESCO），曾發表有關亞太地區受教機會的系列報告，並在 2014 年找我審閱報告中的圖表。我搭機飛到曼谷，和一支知識淵博、才華橫溢的團隊開心地共事 1 週。我們花費最多時間，討論為何他們報告中的圖表總是如此恐怖。

舉例來說，有張圖下了一個讓人難忘的標題「2009 年初等教育調整淨入學率後的性別平等指數」。

這張圖搞砸資料視覺化其中一個首要規則，也就是無法獨立存在，因此你需要讀完這份 73 頁的報告，才能理解它在說什麼。即使我們都明白什麼是性別平等指數（Gender Parity Index, GPI），還是一樣會搞不清楚圖表中央神祕的灰色區塊。

更糟的是，這張圖表可能讓你傷身。由於下方標示的國名是以橫向顯示，你的脊椎還得左彎才能持久閱讀。大量使用明亮、飽和的紅色雖然與報告封面的官方色調相映成趣，卻相當於拿著大聲公高分貝吶喊。

2009 年初等教育調整淨入學率後的性別平等指數

資料來源：聯合國教科文組織統計研究所，2011 年，Statistical Table 2，收錄於 Universal Primary Education. 參 見 https://unesdoc.unesco.org/in/documentViewer.xhtml?v=2.1.196&id=p::usmarcdef_0000221200&file=/in/rest/annotationSVC/DownloadWatermarkedAttachment/attach_import_ee89607b-66bc-45d6-a7fd-。

如何將這些資料轉化成有用的圖表？

一如既往，第一個念頭應該是找出自己最感興趣資料之間的關係。記住這一點後，我們來看看圖表的縱軸。為什麼性別平等指數始於 0.82，終於 1.12 ？當然，原因無他，這是用來產製圖表的軟體預設值。

性別平等指數是衡量接受初等教育的性別平等程度的指標，數值 1 代表男孩和女孩之間的受教機會平等。因此，我們對每個國家得分高低（**量的比較**）沒有什麼興趣，和 1 之間的差距才是重點。要體認到這個關鍵重點，才能整個重新設計。

分向長條圖

首先，讓我們將圖表中的長條錨定為性別平等指數的數值 1，將它當作中心點，然後描繪出方向截然相反的較高數值或較低數值，凸顯它們與中心

點的差異程度。這可以讓我們重新定位圖表，也讓閱讀國家名稱變得更容易。簡單的軸線標示和箭頭，則是朝向讀者確認資料的長度與方向。

性別平等指數

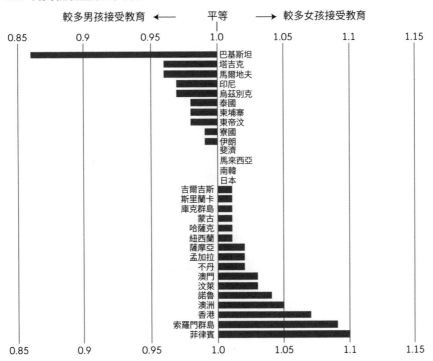

資料來源：聯合國教科文組織統計研究所，2011 年，Statistical Table 2，收錄於 Data visualisation mistakes — and how to avoid them. 參見 https://www.ft.com/content/3b59f690-d129-11e7-b781-794ce08b24dc。

接下來，我們可以重新引進神祕的灰色陰影區域。這部分是聯合國教科文組織的績效目標，這是不可或缺的資訊，因為它讓我們將每個國家的表現放置在有意義的脈絡中。

性別平等指數

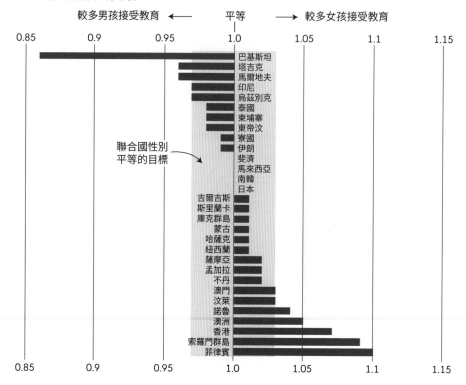

2009 年初等教育調整淨入學率後

資料來源：聯合國教科文組織統計研究所，2011 年，Statistical Table 2，收錄於 Data visualisation mistakes ─ and how to avoid them. 參見 https://www.ft.com/content/3b59f690-d129-11e7-b781-794ce08b24dc。

　　我們也可以把顏色補回來，但是這次只想吸引讀者關注那些沒有達成聯合國教科文組織目標的國家。鮮明的顏色清楚顯示，沒有達到目標出於兩個不同原因，圖表上的說明清楚闡述為什麼要特別標示的原因。

性別平等指數

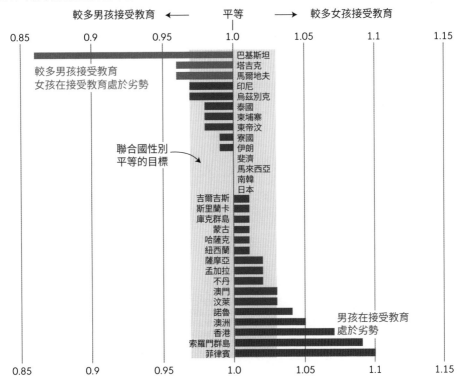

2009 年初等教育調整淨入學率後

資料來源：聯合國教科文組織統計研究所，2011 年，Statistical Table 2，收錄於 Data visualisation mistakes ─ and how to avoid them. 參見 https://www.ft.com/content/3b59f690-d129-11e7-b781-794ce08b24dc。

　　最後，明確的標題有助於讀者領悟整張圖表的意義，技術細節可以通通放在副標題和注腳。它們雖然涵蓋重要資訊，但不見得是讀者需要第一眼就看到的內容。

巴基斯坦損害女孩接受初等教育權利

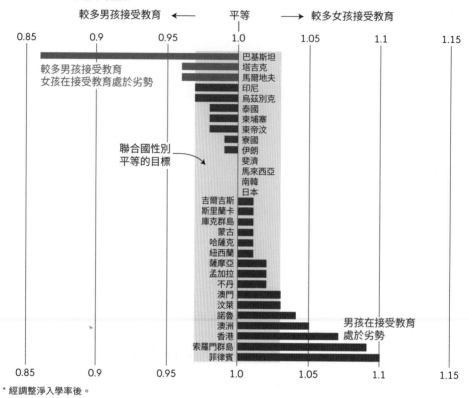

2009 年亞太地區性別平等指數 *

較多男孩接受教育 ←　　平等　　→ 較多女孩接受教育

* 經調整淨入學率後。

資料來源：聯合國教科文組織統計研究所，2011 年，Statistical Table 2，收錄於 Data visualisation mistakes ── and how to avoid them. 參 見 https://www.ft.com/content/3b59f690-d129-11e7-b781-794ce08b24dc。

　　如果比較原始和重製的版本，看起來好像不是相同資料。巴基斯坦在原始版本中幾乎不引人注目，現在該國不利女孩就學的現況反倒相當突出。

　　事實上，唯有重製圖表才能看到它發揮一點用處。許多圖表無法採用這種方式轉化，這種方式說明一個重要觀點：製圖者應該秉持「少即是多」。

學習要點

更好的報告

在一份報告中，如果有合適的圖表處理好「什麼？」和「多少？」的關鍵問題，主要內文就可以聚焦重要的後續問題，好比「為什麼？」和「那會怎麼樣？」報告若是能同步構思文字與圖表，就可以重新建構出有可讀性、具說服力又言簡意賅的敘述。

聯合國教科文組織人員展現主動性，虛心接受批評、改善本身的資料，這一點也很重要，除非他們發自內心想要改善，否則再多的外部諮詢也無法持續進步。

我們考慮**離散差異**時，自然會聯想到正數和負數，可以是獲利／虧損這種絕對值，也可以是銷售數字高於／低於目標這種相對值。

不過，任何數字只要是可以呈現脈絡的錨點，都可以是我們的基點。在性別平等指數圖表中，我們使用 1.0 當作基點，因為它代表接受初等教育的男孩和女孩比率相等。在圖表中保留性別平等指數數值這個原始指標，意味著我們描述圖表呈現的模式時也可以參考基礎數值。

在只顯示相對離差值的圖表中，我們需要謹記，無法在其中看到原始數據。舉例來說，在描繪歐洲氣溫異常現象的圖表裡，請留意縱軸（y 軸）並未顯示的實際溫度，只有實際溫度和長期平均值的**離散差異**。你不可能在這張圖表中看到 2021 年 6 月的平均溫度，因為焦點是落在**離散差異**而非**量的比較**。

歐洲有紀錄以來第二個最熱的 6 月

6 月的地表氣溫異常 (度)*

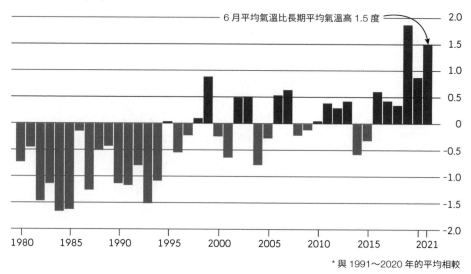

* 與 1991～2020 年的平均相較

圖片：Steven Bernard，資料來源：歐洲中期天氣預報中心（Copernicus ECMWF），收錄於 Leslie Hook and Steven Bernard, Record June heat in North America and Europe linked to climate change, *Financial Times*, July 9, 2021. 參見 https://www.ft.com/content/f08156a6-c8ac-4c00-94df-2a955dc56da9。

　　但這不妨礙它成為有用的圖表。我們對至關重要的離散差異值深感興趣，這張圖表有效運用色彩，強調最近幾年出現最炎熱的 6 月氣溫。

盈餘／赤字填充折線圖

　　有時候，我們的基點可能是會變動的數字。在這類情況下，盈餘／赤字填充折線圖恰好可以用來追蹤上揚或下滑的表現。受到普萊菲爾啟發，我們在第 5 章可以看到，這種實用技巧如何妥善處理進口與出口之類的經濟數據。不過它也可以應用在其他的時間序列比較，像是強調財富對比。

殼牌石油自削減支出以來表現落後同業

股價（重新調整基準為 100）

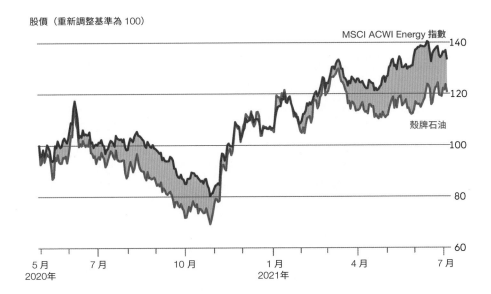

資料來源：路孚特，收錄於 Shell: dividend dither sends muddled message, July 7, 2021. 參見 https://www.ft.com/content/209b0ec3-28f4-4d44-bcd9-5a79f33a9c40。

主幹圖

當資料是要被描繪成代表反對氛圍，主幹圖就能派上用場。這張全球疫苗懷疑論圖將「不知道」獨立設定為一方，讓我們可以聚焦在各國之間支持與反對疫苗的變化上。

這種圖表類型最適合在數據已經依照順序排列時使用，在這個例子中，是指那些「不願意」的族群。另一個排序可以扮演補充角色的地方是，讓一張主要呈現和另一張圖表關係的圖表更具可讀性。

這個例子採用簡單的「願意」／「不願意」／「不知道」，不過大多數調查則會提供對稱回答選項（如強烈不同意、不同意、中立、同意、強烈同意），被稱為「李克特量表」（Likert Scale）。

全球各國的疫苗懷疑論者

如果新冠肺炎疫苗上市，你願意接種嗎？

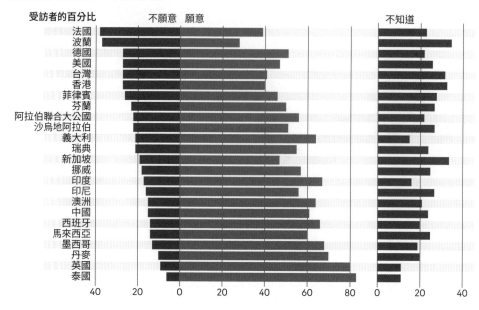

資料來源：YouGov，2020 年 11 月 17 日到 2021 年 1 月 10 日，收錄於 David Robert Grimes, How to take on Covid conspiracy theories, *Financial Times*, February 5, 2021. 參見https://www.ft.com/content/6660cb80-8c11-476a-b107-e0193fa975f9. 金融時報有限公司授權使用。

接著把同樣數據繪製成堆疊長條圖。堆疊長條圖更強調**部分和整體**的關係（每個國家的願意／不願意／不知道加總是 100%），這麼做很有用，但是不願意和願意之間的分歧可能因此變得不夠明顯。

最後這張外交活動圖表，描繪派駐世界各國的俄羅斯外交官被驅逐出境，以及世界各國的外交官被趕出俄羅斯，凸顯出兩者之間的明確關聯。我們使用個別的點代表每位外交官，並採用離散差異的排列法，這種「以牙還牙」的模式就變得很清晰。

全球各國的疫苗懷疑論者

如果新冠肺炎疫苗上市，你願意接種嗎？

（受訪者的百分比）

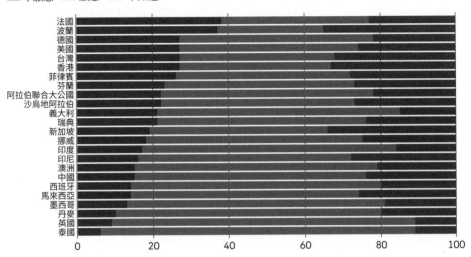

資料來源：YouGov，2020 年 11 月 17 日到 2021 年 1 月 10 日，收錄於 David Robert Grimes, How to take on Covid conspiracy theories, *Financial Times*, February 5, 2021. 參見 https://www.ft.com/content/6660cb80-8c11-476a-b107-e0193fa975f9. 金融時報有限公司授權使用。

以牙還牙：4 月 15 日以來宣布的 152 起外交驅逐

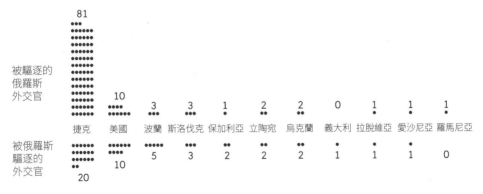

圖片：Ian Bott，資料來源：金融時報研究，收錄於 Diplomatic expulsions diminish Russia's reach in eastern Europe. 參見 https://www.ft.com/content/9476edbf-0ea4-44b9-a27e-0d9bae29cbb7。

第 11 章

呈現部分和整體的關係

顯示單一整體如何被拆解成小單位。如果讀者只對元素的大小感興趣，不妨改用量的比較類型圖表代替。

圓餅圖

「全世界爭議最大的圖表類型」這個獎項幾乎肯定要頒給圓餅圖，有些資料視覺化從業人士將它視為圖表界的漫畫體（Comic Sans）[8]，他們的口氣就像批評微軟（Microsoft）這種隨處可見字體的狂熱酸民，表明如果沒有圓餅圖，將會是全世界的重大進步。

然而圓餅圖依舊表現頑強，從教室到會議室的資訊生態系統中隨處可見，幾乎看不到滅絕的跡象。姑且不論對錯，圓餅圖都是大眾圖表辭典中隨處可見的一部分。

許多人看到圓餅圖在《金融時報》視覺化辭典占有一席之地時都很驚訝，圓餅圖實在太氾濫，但在嚴格限制下依舊是有效的圖表。想要理解原因，就要回溯 200 多年前普萊菲爾究竟為什麼會費心發明。

8　譯注：微軟工程師發明的仿手寫字型，經常用在漫畫中，遭到抵制，被稱為史上最糟字體。

　　圓餅圖代表「**部分和整體**」的關係，也就是它們顯示好幾個元素之間的相對規模，當它們組合起來就代表某種完整實體。

　　理解部分和整體的關係，讓我們可以明瞭資料的組成結構，無論是教室裡學生的眼睛顏色，或是一家企業各部門的營收。

從教室到會議室：常見的圓餅圖

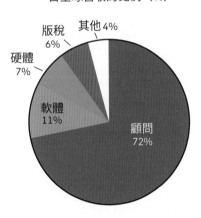

4F班29名小朋友的眼睛顏色

占全球營收的比例（%）

　　正如上方兩個例子所示，圓餅圖可以顯示百分比數值或是簡單的**量的比較**數值。

　　圓餅圖用來比較組成元素的量的比較時，效果不如長條圖來得明顯，因為讀者較不容易估計精確數值，這部分留待第 13 章詳加說明。正如這裡呈現的例子，圓餅圖幾乎總會附帶說明，標示每一楔形的數值，或許這算是彌補它們認知缺陷的常見做法。

　　然而，讓圓餅圖在我們的視覺化辭典中占有一席之地，主因是與其他圖表類型相比，它更能強調個別元素可以集結，代表一個有意義的整體，無論是置身教室的每個人，或是一家跨國企業的年營收。有幾種證據來源，足以

證明這種視覺提示的強度。

首先,大家都知道圓餅圖在全世界有各種名稱,但幾乎總是使用一個可以喚起這種**部分和整體**結構的術語:在法國,圓餅圖被以卡門貝爾起司命名,但是在葡萄牙則被稱為披薩圖(Gráficos de Pizza)。如你所見,美食意涵也深深融入圖表之中。或許這麼做有助於多數人在早年就熟悉圓餅圖,通常讀小學時就會接觸到。可能沒有所謂「直覺式」圖表這種東西,但是在這麼小的年紀就讀懂一張圖表,有可能是接下來最棒的事。

最後,要是圓餅圖的神奇作用**無法**強化我們的集體理解,沒關係,它還可以成為頭條新聞。2009 年 11 月,美國福斯新聞(Fox News)繪製一張 2012 年共和黨總統候選人的圓餅圖,立刻在社群媒體上瘋傳。圖表分成三大區塊:「挺裴琳」(Back Palin),占 70%;「挺哈克比」(Back Huckabee),占 63%;「挺羅姆尼」(Back Romney),占 60%,三者相加是 193%。鄉民敲鍋狂罵,因為可以肯定的是,正如每個人在小學就學過,圓餅圖加起來應該是 100%。

這是明顯濫用圓餅圖形式的例子,但是值得我在這裡班門弄斧地指出,並非所有圓餅圖的總和都**剛好**是 100%,單純是因為有必要將圖中用到的數字四捨五入,所以 99.9% 或 100.1% 都在可接受範圍,不過 193% 就真的差太多了。

2016 年,視覺化科學家德魯‧史高(Drew Skau)和柯薩拉完成一項研究,加深我們理解眾人閱讀圓餅圖的方式。[9]圓餅圖中的楔形採用角度、弧長和面積等多種組合方式,將資訊編碼。

他們的發現也許會讓人大吃一驚,就是對理解圓餅圖的讀者來說,角度是**最不**重要的編碼物件;而代表每個圓餅圖區塊外部線條的弧長,才可能是最重要的。

9　詳見 https://kosara.net/papers/2016/Skau-EuroVis-2016.pdf

圓餅圖中的視覺編碼

弧長　　　　　　角度　　　　　　面積

圖表經 Drew Skau 和 Robert Kosara 修改（2016）。

甜甜圈圖

圓餅圖的近親是甜甜圈圖（Donut Chart），這種變形圖表有一個方便的功能，就是可以在圖表的中央「圓洞」裡說明總值，或是一些其他的總體資訊。這種做法有助於強調資料的「整體性」，有時候這種整體性可能非常明確。

有趣的是，史高和柯薩拉發現，人們在閱讀甜甜圈圖時，就和閱讀圓餅圖一樣力求精確，或許是因為兩種圖形的弧長一致。遵循圓餅圖和甜甜圈圖的一些簡單規則，將有助於防止圖表災難：

- 「100% 規則」，是指圓餅圖應該充分涵蓋整組資料。

- 絕對不要使用 3D 或截斷的區塊。這種做法不僅是美感殺手，史高和柯薩拉觀察到，截斷的圓餅圖會讓讀者更容易誤讀，推測有可能是因為弧線已經不連貫。

- 盡可能直接在區塊上標記，並且不要使用太多區塊，因為讀者有可能會覺得，同時目測細微差異並閱讀說明很困難。

Al Alam 的客戶不知道 Al Alam 是誰

資料來源：金融時報研究，收錄於 Dan McCrum, Wirecard's suspect accounting practices revealed, *Financial Times*, October 15, 2019. 參見 https://www.ft.com/content/19c6be2a-ee67-11e9-bfa4-b25f11f42901。

　　最重要的是，從視覺化辭典的角度來看，圓餅圖和甜甜圈圖都不是呈現**部分和整體**關係的唯一方式。想要減少全世界濫用圓餅圖的現狀，與其禁用，倒不如在特定情況下，使用效果更出色的圖表類型就好。

　　例如有些部分和整體的資料集包含負數，我還沒看過哪一個圓餅圖可以有效呈現數值為 0 的區塊，更別說負數了。

瀑布圖

瀑布圖（Waterfall Chart）具備彰顯正數和負數元素的能力，因此在英國財政大臣韓蒙德（Philip Hammond）發布年度預算當天，一躍成為《金融時報》資料視覺化的主題。

對韓蒙德預算空間的威脅

10億英鎊（2020～2021年）

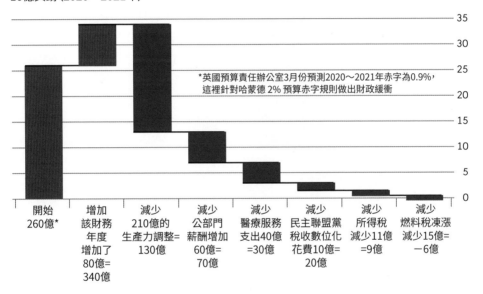

*英國預算責任辦公室3月份預測2020～2021年赤字為0.9%，這裡針對哈蒙德 2% 預算赤字規則做出財政緩衝

資料來源：國際金融統計、滙豐（HSBC）、納夫爾德信託（Nuffield Trust）、金融時報研究，收錄於 George Parker and Chris Giles in London, Brexit and the Budget: Hammond pressed to go 'big and bold', November 14, 2017. 參見 https://www.ft.com/content/66f8e992-c85e-11e7-ab18-7a9fb7d6163e。

　　下圖顯示經營不善的航空公司所有者可能賺取的利潤，是另一個良好的資料例子，因為它根本不可能採用圓餅圖的形式呈現。

投資公司 Greybull 可能會從君主航空倒台中獲益

在可能的復甦後，倒閉的君主航空公司擁有者最終獲得 1,500 萬英鎊利潤

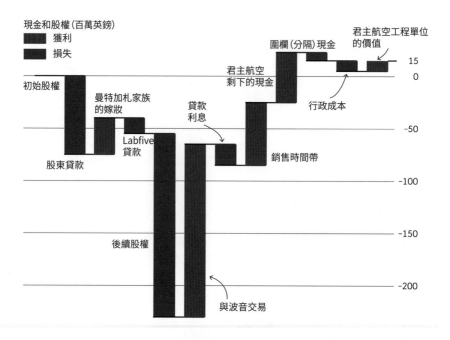

資料來源：金融時報研究，收錄於 Greybull stays upbeat despite Monarch collapse. 參見 https://www.ft.com/content/9dbf9aae-a8ea-11e7-93c5-648314d2c72c。

放射環狀圖

圓餅圖可以調整，以便表現出部分和整體資料中的多層次結構。下方這張圓餅圖的變形有時稱為**放射環狀圖**（Sunburst Chart），描繪倫敦證券交易所（London Stock Exchange, LSE）的收入來源，就是一例。它將 10 個基本楔形分別組織成三大類，在這類圖表加上說明有時是一大挑戰，因為會有一堆「指線」（Leader Line），把文字說明連接到它們描述的部分。

倫敦證券交易所的收入由資料服務驅動

2020 年（百萬英鎊）

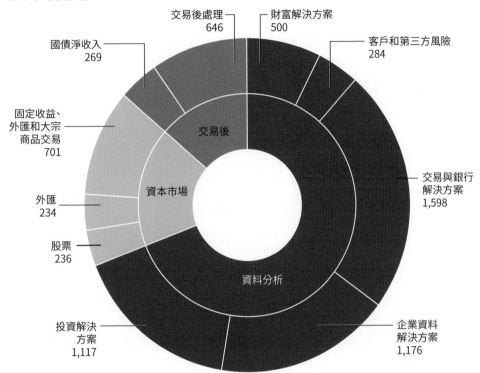

資料來源：公司資料，收錄於 Philip Stafford and Alex Barker, Refinitiv deal loses some of its lustre for LSE as challenges mount, *Financial Times*, June 30, 2021. 參見 https://www.ft.com/content/0c7c6931-9f56-4e43-87cf-91422630a146。

矩形式樹狀結構圖

以下是相同資料用「矩形式樹狀結構圖」（Treemap）繪成，採用分層的矩形表示資料。

倫敦證券交易所的收入由資料服務驅動

2020 年（百萬英鎊）

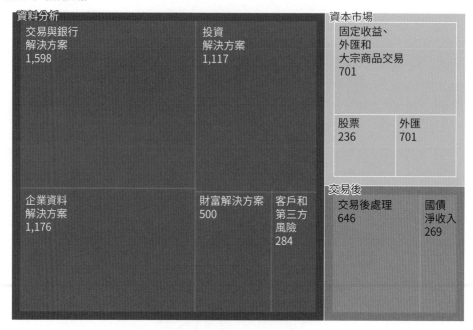

資料來源：公司資料，收錄於 Philip Stafford and Alex Barker, Refinitiv deal loses some of its lustre for LSE as challenges mount, *Financial Times*, June 30, 2021. 參見 https://www.ft.com/content/0c7c6931-9f56-4e43-87cf-91422630a146。

　　最後，每當你看到好幾張圓餅圖並排出現時，請想想讀者要花多少工夫才能比較這些區塊……

　　這種呈現手法需要讀者耗費大量的腦力，這還只是 3 個分別切成 3 塊的圓餅圖，要是資料更複雜的話，問題就會更大。

職涯進展

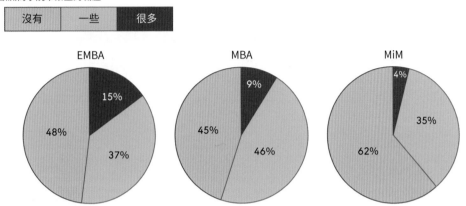

歐洲商學院畢業生的職涯 *

* 畢業後 3 年的校友調查

資料來源：金融時報商學教育資料，收錄於 Leo Cremonezi and Sam Stephens, Charting European business school graduates' progress, *Financial Times*, December 6, 2000. 參見 https://www.ft.com/content/5d834702-daf5-4fcc-b6a7-52afe043e716。

網格圖

　　上方的圓餅圖共有 9 個數字，坎貝爾使用相同資料繪製成網格圖（Gridplot），建構出連貫性更強的資訊。請留意，每張圖都是由棋盤狀的方格組成，因此也具備每個百分點單位都可以計算的優點。

　　網格圖的結構也可以很有彈性，像是依照需求調整版面布局，例如 10 格 ×10 格、5 格 ×20 格等。與數種**部分和整體關係**的圖表相比，它是非常好用的選項。

職涯進展

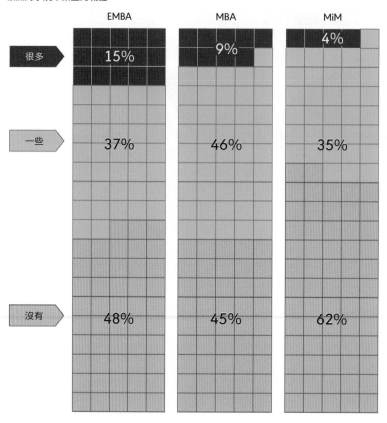

歐洲商學院畢業生的職涯 *

EMBA　　　　MBA　　　　MiM

很多　15%　　　9%　　　4%

一些　37%　　　46%　　　35%

沒有　48%　　　45%　　　62%

* 畢業後 3 年的校友調查。

資料來源：金融時報商學教育資料，收錄於 Leo Cremonezi and Sam Stephens, Charting European business school graduates' progress, *Financial Times*, December 6, 2000. 參見 https://www.ft.com/content/5d834702-daf5-4fcc-b6a7-52afe043e716。

堆疊長條圖

堆疊長條圖是另一種有效替代圓餅圖的做法，無論是單獨或多層出現。使用傳統的圖表軸線，意味著我們不見得要像繪製圓餅圖那樣，標記出每一項的個別數值，說明通常也會因此變得更簡潔。

疫情期間，化石燃料獲得能源密集產業總資助的一半以上

2020 年 1 月至 2021 年 3 月，G7 國家政府資助

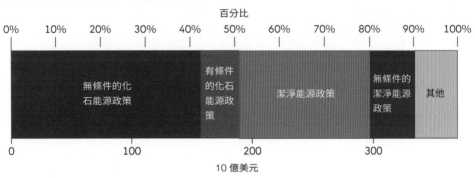

資料來源：Tearfund，收錄於 Camilla Hodgson, G7 criticised for Covid bailouts with no 'green strings' attached, *Financial Times*, June 2, 2021. 參見 https://www.ft.com/content/fdae5476-28b8-4a81-96b7-55a660f24558。

最後，讓我們檢視一些圖表，它們呈現的**部分和整體**關係，都只是資料視覺化挑戰的一部分。

下圖顯示煤炭在全球能源供給的地位。這看起來十分簡單，一張堆疊長條圖裡，每個長條代表一個地區，所有長條加總等於 100%。我們判讀這些煤炭區塊的長度時會看到，亞洲是全球比例最高的地區，美洲則最低，還有什麼比這更簡單？

煤炭在全球能源供給的地位

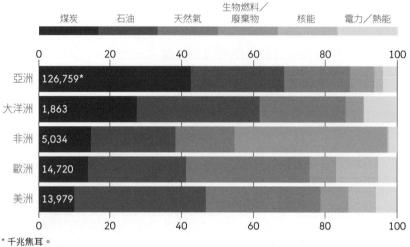

2019 年的能源供應組成，按地區分列（%）

生物燃料／
煤炭　　石油　　天然氣　廢棄物　　核能　　電力／熱能

亞洲　126,759*

大洋洲　1,863

非洲　5,034

歐洲　14,720

美洲　13,979

* 千兆焦耳。

資料來源：聯合國統計司。

　　且慢！請留意每個煤炭區塊的說明。有時候，沒有什麼元素會比圖表上的 * 符號更不祥！第一列數據的圖示說明是亞洲煤炭，馬上就指示我們要先看一下注腳，才會知道原來這些數字本身的單位是千兆焦耳（Petajoule）。圖表本身採用的單位是百分比數值，兩者其實並不一致。我們可以再仔細檢視這些煤炭區塊，從中看出一些單位衝突的端倪，好比大洋洲的長條怎麼可能只代表 1,863 千兆焦耳，而相較之下長條更短的歐洲和美洲，卻分別代表 14,720 千兆焦耳與 13,979 千兆焦耳？

　　在資料視覺化領域裡，最讓人苦惱，還會反覆出現的挑戰之一就是：如何在單一圖像中，呈現數個總和數字及其組成元素。這裡正是名副其實的資料視覺化墓地，到處散置 * 符號和怪到不合理的圓餅圖。

　　這麼說來，我們應該如何處理這個問題？

　　在使用視覺化辭典時，我們都會想要同步顯示**量的比較**（比較能源供給的

規模），以及部分和整體的關係（每個地區的能源來源比例）。在視覺化辭典中，唯有一種圖表類型可以凸顯兩者關係，歡迎來到馬賽克圖的美麗世界。

馬賽克圖

這個名字會喚起某種美好的懷舊感，因為和它同名的芬蘭家具暨紡織品公司正好生產顏色明亮、規律重複的印花圖案，定義 1960 年美國總統競選期間，民主黨候選人的妻子賈桂琳・甘迺迪（Jacqueline Kennedy）的經典造型。

煤炭在全球能源供給的地位

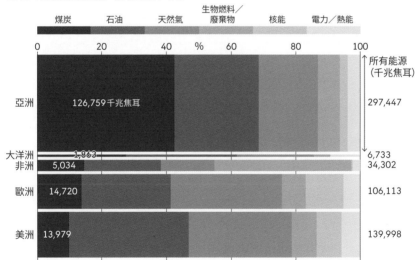

2019 年的能源供給組成，按地區分列（%）

資料來源：聯合國統計司。

馬賽克圖〔也稱為按比例堆疊長條圖（Proportional Stacked Bar Chart）〕可以被視為一般的堆疊圖，但是額外附帶軸線。這種做法讓我們可以繪製凸

顯軸線特色的圖表，一條標示百分比，另一條則顯示總和，並採用面積代表整體的能源供給狀況，讓我們得以查看比較總和及其組成元素。

重新繪製的圖表讓我們看到，亞洲煤炭占據純粹的主導地位，遠高於其他地區相加的總和。雖然大洋洲的煤炭比例位居第二，但是我們可以看到，至今它的整體能源供給依舊最低。至於非洲和歐洲，儘管它們的煤炭在本國的能源供給中可能比例相似，但是可以看到歐洲的總量大上許多。

任何企圖在資料集中顯示超過一種關係的圖表都會有所妥協，即使是馬賽克圖也必定如此。商業智慧（Business Intelligence, BI）暨資訊設計專家史蒂芬・福（Stephen Few）指出，它們使用面積為數值編碼，這麼做可能會有問題，這句話一針見血。我們的感知系統看到長度或軸線上位置之類的一維空間時更能發揮效用，看到面積之類的二維空間就會變得較不靈光。

福也認為，馬賽克圖「受任何堆疊長條圖的問題所苦：在方框沒有沿著共同基線彼此緊密排列的前提下，很難精確比較寬度或長度。」這些都是言之有理的論點，意味著在馬賽克圖中看到組成元素的精確差異確實很困難，這個問題會隨著資料集日益膨脹而加劇。

福提議重新設計，解構馬賽克圖，打散成好幾個各自獨立、比較傳統的圖表，而且每個都聚焦在資料中的不同關係。從功能來說，這種建議當然合情合理；但是對我個人而言，馬賽克圖有一個面向顯示它依舊是工具箱裡有效的一分子，就是在單一張讓人難忘的圖像上，它讓我們看到一套完整資料集中在**部分和整體**的本質，有時候這一點比看到細微差異更重要。

在全球金融危機期間，我曾著手以馬賽克圖視覺化銀行業紓困規模。橫軸代表每個國家的紓困金額占國內生產毛額的**比例**，縱軸則顯示每個國家的經濟規模。

賽普勒斯的紓困規模占國內生產毛額 230 億美元的 20%，美國則是占 17.4 兆美元的 4.3%，我為了讓讀者一眼看出兩者之間的巨大差異，把這張圖表拉得很長，雖然對本書的頁面來說有可能真的太長了，但是換成線上閱讀時，用滑

鼠捲動倒是十分適合！這個長度等於製造出一張畫布，可以納入引述文字，為數字增加背景說明。另一種設計手法則是採用重複的圖案，強調美國的紓困復甦計畫，這種手法算是間接參考芬蘭企業 Marimekko 的紡織品起源。

　　馬賽克圖就像我們視覺化辭典工具箱裡的許多圖表一樣，不太可能足以成為每種內容的預設解決方案，但是就呈現脈絡中的重要比例而言，有時候卻相當管用。

銀行業紓困：很大，但沒有你以為得那麼大

如何閱讀本圖：

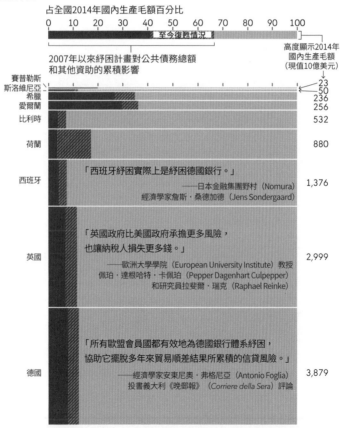

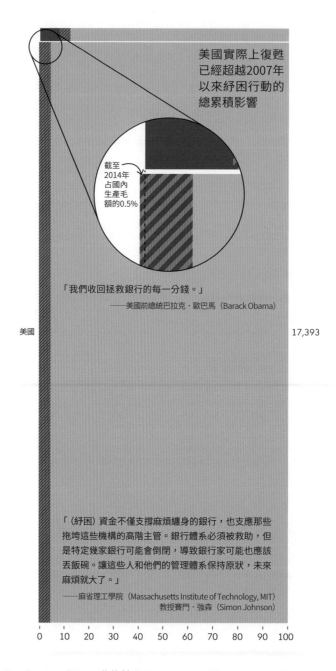

美國實際上復甦已經超越2007年以來紓困行動的總累積影響

截至2014年占國內生產毛額的0.5%

「我們收回拯救銀行的每一分錢。」
——美國前總統巴拉克‧歐巴馬（Barack Obama）

美國　　　　　　　　　　　　　　　　　　17,393

「（紓困）資金不僅支撐麻煩纏身的銀行，也支應那些拖垮這些機構的高階主管。銀行體系必須被救助，但是特定幾家銀行可能會倒閉，導致銀行家可能也應該丟飯碗。讓這些人和他們的管理體系保持原狀，未來麻煩就大了。」
——麻省理工學院（Massachusetts Institute of Technology, MIT）教授賽門‧強森（Simon Johnson）

0　10　20　30　40　50　60　70　80　90　100

圖片：Alan Smith、Stephen Foley，收錄於 Bailout costs will be a burden for years, *Financial Times*, August 8, 2017. 參見 https://www.ft.com/content/b823371a-76e6-11e7-90c0-90a9d1bc9691。

第 12 章

如果對讀者來說，精確位置或地理模式比其他元素更重要，就使用這種圖表。

地圖是我進入資料視覺化世界的起點，當我還在大學就讀地理系時，浸淫在法國製圖師暨理論家雅各‧伯汀（Jacques Bertin）的作品中。1967 年，伯汀的著作《圖形符號學》（*Semiologie Graphique*）出版，不僅對我這樣滿懷抱負的地圖繪製者而言堪稱開創性巨著，對整個資訊視覺化領域來說也是。

伯汀向全世界介紹「視覺變數」（Visual Variable）的概念，也就是幾何、顏色和圖案的分類法，至今仍是大部分資料視覺化工具箱的基礎，《金融時報》的視覺化辭典也不例外。

在進入《金融時報》後，我持續受到啟發。公司的製圖大師伯納德定期繪製巧奪天工的地圖，讓人難以抗拒，深深著迷。伯納德的作品體現地圖的力量，把現實世界當作畫布拿來製圖，發揮能力吸引讀者並提供資訊。

正如下頁這張精美地圖描繪利潤豐厚的曼哈頓新建房地產，地圖可以和其他任何形式的資料呈現一樣，自帶將資訊脈絡化的本事。

高檔物業重塑曼哈頓的天際線

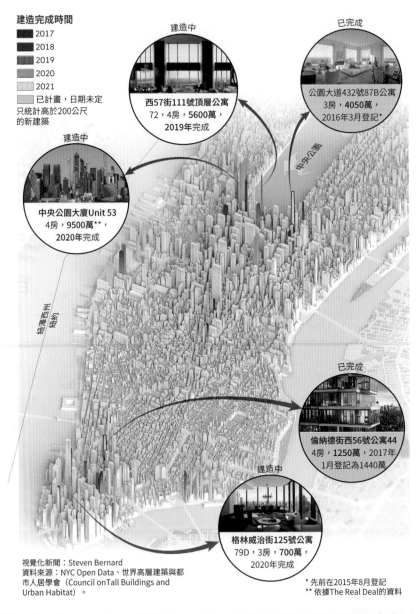

建造完成時間
- 2017
- 2018
- 2019
- 2020
- 2021
- 已計畫，日期未定

只統計高於200公尺
的新建築

建造中
西57街111號頂層公寓
72，4房，5600萬，
2019年完成

已完成
公園大道432號87B公寓
3房，4050萬，
2016年3月登記*

建造中
中央公園大廈Unit 53
4房，9500萬**，
2020年完成

中央公園

紐澤西州
紐約

已完成
倫納德街西56號公寓44
4房，1250萬，2017年
1月登記為1440萬

建造中
格林威治街125號公寓
79D，3房，700萬，
2020年完成

視覺化新聞：Steven Bernard
資料來源：NYC Open Data、世界高層建築與都
市人居學會（Council onTall Buildings and
Urban Habitat）。

* 先前在2015年8月登記
** 依據The Real Deal的資料

資料來源：Hugo Cox in London, Is Manhattan on the edge of a prime housing precipice?, October 10, 2018. 參見 https://www.ft.com/content/db675edc-c7f2-11e8-86e6-19f5b7134d1c. 金融時報有限公司授權使用。

伯納德效力《金融時報》數十年，記得新聞編輯部的生產工作流程變遷，從早期必須親手翻找地圖集的手動製圖，到操作地理資訊系統（Geographic Information System, GIS）這套軟體。這項創新證實，所有製圖形式的生產效率都獲得提升，尤其是那些涉及統計資料的類別：突然就冒出將試算表轉換為「主題地圖」的速成做法。

當然，力量越大，責任也越大，這些地圖的產出速度意味著地圖設計原則遠比以往更為重要。

學習要點

製圖的奇妙世界

製圖學（Cartography）是一門浩瀚的學科，有大量優秀的文獻為你提供指導。本章其餘內容不會試圖闡述整個領域，但是會針對主題地圖作為視覺化辭典的一環深入討論。如果有意深入探究繪製統計資料的相關指引，可詳閱肯尼斯・菲爾德（Kenneth Field）的精采著作《主題式製圖：101 種鼓舞人心的視覺化經驗數據之道》（*Thematic Mapping: 101 Inspiring Ways to Visualise Empirical Data*）。

面量圖

或許最知名的主題地圖類型就是**面量圖**（Choropleth Map，又稱為分層設色圖）。這種類型的地圖將讀者感興趣的區域細分成較小區塊的馬賽克圖，然後根據相關的統計數值把每個區塊符號化，通常是塗上不同的顏色。

下方地圖描繪美國處方鴉片類藥物（opioid），是這類圖像的典型代表。全美 50 州加上華盛頓特區，共有 3,100 多個郡，顯示以郡為單位，每 100 人的處方鴉片類藥物數量。顏色較深的區塊代表處方藥物比率較高，峰值落在 2015 年：在維吉尼亞州諾頓郡（Norton），每 100 人開出 505 份處方藥物。

在美國四分之一的郡，每人超過 1 份處方鴉片類藥物

每 100 人擁有的處方，依郡分類（2015 年）

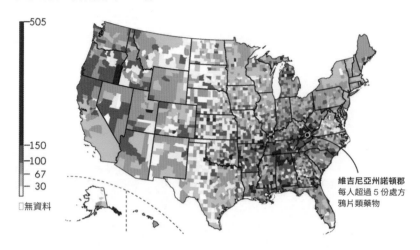

圖片：Alan Smith and Federica Cocco，資料來源：美國疾病管制與預防中心，收錄於 Siona Jenkins, Mercedes Ruehl and Neil Munshi, Daily briefing: tough sanctions for North Korea, SoFi head steps down, US grapples with opioid addiction, *Financial Times*, September 12, 2017. 參見 https://www.ft.com/content/c787a6a4-96fe-11e7-a652-cde3f882dd7b。

　　這張地圖塗上 5 種「色階」（代表類別）的顏色。色階前兩高的定義是每 100 人分別開出 100 至 150 份和 150 至 505 份處方藥物，在符合上述定義的郡裡，處方鴉片類藥物的數量比居民人數還多。

　　面量圖在展示資料中重要或出乎意料的地理空間模式時，最能發揮強大力量。

　　下頁這張英國伯肯黑德（Birkenhead）的地圖，描繪全國收入匱乏（income deprivation）[10] 最嚴重的地區之一，分列全國收入光譜兩端的社區「緊臨彼此」生活在一起。

---

10 意指收入不均引發的匱乏感。

擁擠不堪：伯肯黑德的空間不平等

2019 年全國收入匱乏排名

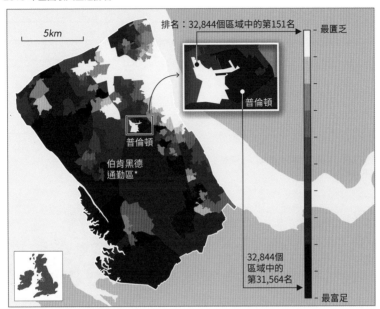

前述的鴉片類藥物地圖視覺化的是一個比例（每單位 **A 物**對某個數量的
B 物），但這張地圖不是這個概念，它顯示依照順序排列的資料，塗上顏色
表示每個小區塊在全國匱乏指數（National Deprivation Index）的**排序**。

截至目前為止，資訊量很豐富，但是我們閱讀面量圖時應該小心，務必
要留意兩大「令人尷尬的錯誤」。

第一，請認清面量圖上的類別，扮演的功能很像直方圖的「分組」。就
像直方圖一樣，分組的寬度和數量可能會對最終視覺化提供的資訊產生巨大
差異（關於直方圖可參見第 7 章）。

有很多分類方法可用，理解不同方法的影響是地圖專業能力的重要發展。
首先，讓我們先看看兩種最知名且最常用的方法：

- 等距法：確保各類別的間隔之間保持平均距離。
- 相等計數（「分位數」）法：確保每個類別分配到相同數量的地圖區域。

　　如果想說明這些分類方法在面量圖上的根本差異，先來繪製英格蘭威爾士家庭收入的一些資料。

相同資料，不同的地圖分類方式

截至 2018 年 3 月財政年度的家庭年淨收入（英鎊）
中層超級輸出區（MSOA）

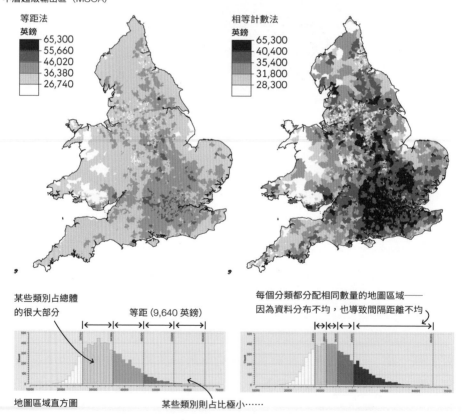

資料來源：英國國家統計局。

　　檢視「等距法」地圖，好玩的地方是可以看到隱藏其中的許多洞見，這張地圖主要是由第二種或第三種色階的區域組成。其他分類的地圖區域很少，特別是最高分類。事實上，在地圖的全國範圍內，甚至根本很難看到有任何區域塗上最深的色階。

　　現在看看地圖右側，在這裡使用相等計數法。我們可以在收入資料中看到更多的地理空間變化，因為整張地圖區域都是平均分布在各類別。收入水準越高，分類越明顯，我們也可以看到全英格蘭和威爾士的收入差距，這在左側地圖中並不明顯。

　　這可能會讓你認為，相等計數法是比等距法效果更好的技巧。針對這個例子來說確實如此，但是我們再看看下一張地圖，描繪威爾士的人口中會說威爾士語的比率。

相同資料，不同的地圖分類方式 2
2011 年 3 歲以上會說威爾士語的人口比例（%）

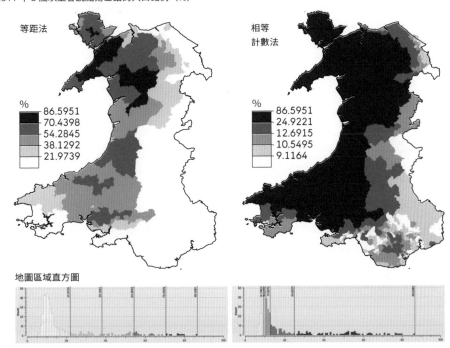

資料來源：英國國家統計局。

207

直方圖揭露，由於數值分布中出現這類「長尾」，使用相等計數法的頂層類別就會涵蓋大約 25% 到超過 85% 的廣大範圍。這張地圖讓讀者以為多數威爾士地區都住著會講威爾士語的人，但是其實不然。

以這個例子來說，使用等距法會更精確顯示資料中關鍵的地理空間關係，也就是會說威爾士語的人口比例最高地區落在北部。

當你看到我們可能會因為採用不當的圖表類型破壞地理空間感，卻知道還可以用另一種方法避開這類設計的誤導，感覺不是很棒嗎？

詹克斯自然斷點法

詹克斯自然斷點法（Jenks Natural Breaks Method）是統計製圖師喬治・詹克斯（George Jenks）所設計，主要是基於資料中數值的模式或集群，進一步優化分類間隔，讓我們看看它如何表現之前的兩張地圖。

如你所見，詹克斯自然斷點法在兩個例子中都表現得很出色。更重要的是，和其他方法相比，它更不可能會因為內含看不到的集群或模式而誤導讀者，因為它完全就是設計來避免這件事。

重要的是，詹克斯針對識別數值的群集進行優化，因此在呈現本書之前遇到的雙峰和多峰**分布**時，效果特別好。

詹克斯是「很安全的首選」，但是地理資訊系統軟體很快就嘗試不同的分類方法：一些小實驗即可提供莫大幫助，產製更好的地圖。

重要的是，無論使用哪一種初始分類法，有時候手動調整範圍以便改善可讀性及／或解釋性，都是有意義的舉動。我們之前看過美國鴉片類藥物地圖，其實原始設計是採用詹克斯自然斷點法，但是稍有調整，以便確保其中一個範圍間隔出現在每 100 人恰好有 100 份處方，這是資料中一個重要的轉折點。

詹克斯自然斷點法

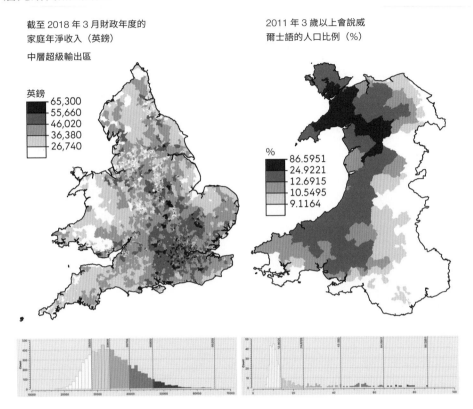

截至 2018 年 3 月財政年度的
家庭年淨收入（英鎊）

中層超級輸出區

英鎊
- 65,300
- 55,660
- 46,020
- 36,380
- 26,740

2011 年 3 歲以上會說威
爾士語的人口比例（%）

%
- 86.5951
- 24.9221
- 12.6915
- 10.5495
- 9.1164

資料來源：英國國家統計局。

　　為讀者提供關於分類間隔如何在整體數值範圍內分布的視覺提示，也是好主意。以鴉片類藥物地圖為例，詹克斯自然斷點法顯示的分類間隔之間形成不均等的差距，是用不同長度的區塊加以強調。

　　另一種值得考慮的方法是，納入直方圖當作整體圖例的一環，以便說明地圖上有多少區域個別被配置在每個類別。我在 2010 年第一次使用這種技巧，當時正在為英國國家統計局建立人口統計視覺化工程。

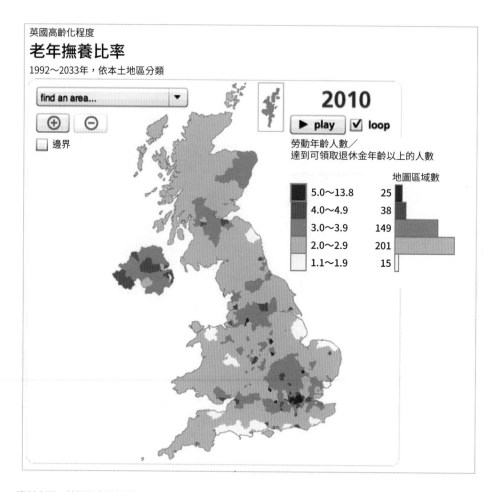

資料來源：英國國家統計局。

　　面量圖最後一個要警覺的問題是，地圖上最大的區域經常很容易就是資料密度最低的區域，這意味我們的目光很可能會被吸引到這些最無法提供重要見解的地方。下圖是套用相同資料的伯肯黑德收入匱乏地圖，這一次要檢視的目標是，英國南部海岸港口樸茨茅斯的周圍地區。

樸茨茅斯的收入不均

2019 年全國收入匱乏排名

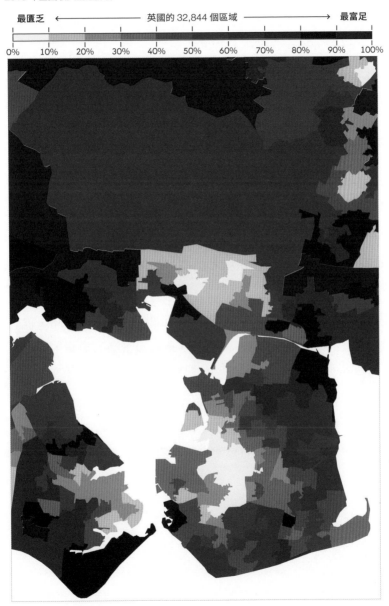

資料來源：英國住宅與地方政府部。

這張地圖上的個別邊界代表「底層跨輸出區」，這是英國國家統計局設計的統計單位，用以協助傳播人口普查資料，將英國細分為 32,844 個區域。

底層超級輸出區的實體規模差異很大，人口規模方面的差異卻較小，每個地區的人口在 1,000 至 3,000 人之間。

樸茨茅斯地圖上有兩個區域占據主導地位：一個是靠近城市中央位置，範圍較小的全國重要收入匱乏區域，也就是地圖下方的亮黃色和橙色；另一個則是位於地圖頂部較大也較暗的區域，代表這些區域通常收入匱乏的程度會較低。

然而，讓我們先過濾一下地圖，不要像第一張地圖一樣，為鄰近相連的邊界著色，而是只為每個底層超級輸出區內部的既定區域上色，這張地圖突然看起來煥然一新。

在北部，我們可以看到零星散布的農村地區，之前以範圍遼闊的深色陰影占據地圖的上方。

在這裡，收入匱乏不算嚴重，第一張地圖看不到這個面向，但有可能是因為根本就沒有太多居住人口。和城市本身人口密集的道路對照之下，多半是鄉間小路連接孤獨小村落和孤立的小村莊。

在製圖的比例和位置條件允許的前提下，這是很適合應用在面量圖上的絕佳技巧：我們不能在美國鴉片類藥物地圖上套用這種技巧，因為當把地圖拉到全國層級時，就無法清楚看見建立的架構。

樸茨茅斯的收入不均

2019 年全國收入匱乏排名

資料來源：英國住宅與地方政府部。

　　這張地圖是和地理空間分析專家阿拉斯代爾‧瑞（Alasdair Rae）協力產製而成，他也是城市研究與規劃學系教授，這項成果深受維多利亞時期的商人暨社會學家查爾斯‧布斯（Charles Booth）影響。

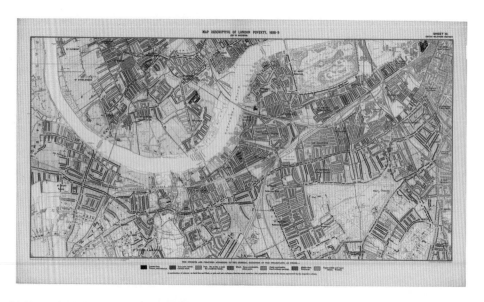

資料來源：布斯（1840～1916）繪製的地圖。

　　布斯花費數十年投入「倫敦人民生活和勞動調查」（Inquiry into the Life and Labour of the People in London）計畫，他的地圖正是其中一環，精心繪製他和調查團隊記錄的貧困與財富情形，這種呈現形式揭示維多利亞時代倫敦社會的嚴重不平均。

　　這張地圖顏色的美學，搭配著我們現在可能不會使用的老派圖例說明（最底層、惡毒、部分犯罪），但布斯的調查結果與製圖品質依舊歷久彌新。

學 習 要 點

布斯檔案庫

　　布斯繪製的地圖有線上版本可供搜尋（網址為 https://booth.lse.ac.uk/map）；英國的城市形態與社會學教授蘿拉‧馮恩（Laura Vaughn）曾針對他的成就，還有其他幾位社會製圖學的先驅，包括美國社會學家杜博依斯，以及繪製芝加哥勞工階級協助機構赫爾大廈（Hull House）的社會政治改革家佛羅倫絲‧凱莉（Florence Kelley）發表精采分析，免費下載該書的網址為 https://www.uclpress.co.uk/products/108697。

　　面量圖很有彈性，我們已經看到呈現比率和順序（即**排序**）資料的例子。然而，面量圖通常不適合用來呈現**量的比較**，讓我們探究一下原因。

美國擁槍地圖

2017 年各州ˇ登記的武器數量

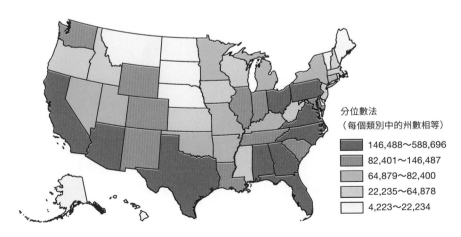

分位數法
（每個類別中的州數相等）

- 146,488～588,696
- 82,401～146,487
- 64,879～82,400
- 22,235～64,878
- 4,223～22,234

資料來源：美國菸酒槍炮及爆裂物管理局（Bureau of Alcohol, Tobacco, Firearms and Explosives）。

　　這張美國擁槍的地圖似乎是一目瞭然的案例，繪製每一州的槍枝數量，採用分位數法配置，每 10 州為一組，共劃分成 5 個類別。我們可以清楚看到，登記武器數量最多的州，包含加州、德州和佛羅里達州。

　　但是等一下，那 3 州也是全美人口數量最多的州。我們真正從這張地圖上看到的現況，與其說是槍枝地圖，倒不如說是全美的人口地圖。我們在繪製所有與人類活動相關的資料時，這是會一再反覆出現的問題：呈現量的比較時，會一而再，再而三畫出幾乎一模一樣的地圖。

美國人口數

2020 年，依州別分

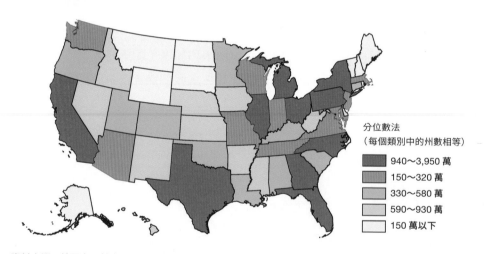

分位數法
（每個類別中的州數相等）

- 940～3,950 萬
- 150～320 萬
- 330～580 萬
- 590～930 萬
- 150 萬以下

資料來源：美國人口普查局。

　　我們如果想聚焦美國擁槍**普遍性**，需要將各州不同的人口規模納入考慮。改成繪製擁槍**率**，而不是武器總數的地圖，會對美國擁槍情形產生截然不同的印象。這張地圖要能更清楚地反映每個州的人口特徵，無論其總人口數為何。

美國擁槍地圖

1980～2016 年平均家庭槍枝擁有率估計值 *（%）

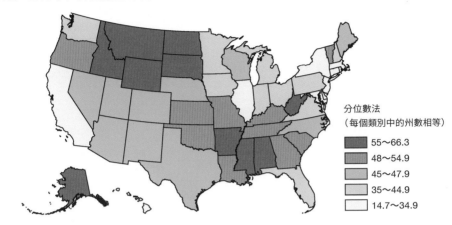

分位數法
（每個類別中的州數相等）

- 55～66.3
- 48～54.9
- 45～47.9
- 35～44.9
- 14.7～34.9

* 家庭擁有槍枝的美國成年人比例。

資料來源：蘭德公司（Rand Corporation）。

　　經過這番劇烈的變動，人口數最高的加州從最高排名移動到最低排名。雖然加州擁有大量登記武器，但是如果把將近 4,000 萬總人口數納入考量，和其他州相比，擁槍率相對較低。蒙大拿州、南達科他州、北達科他州、愛達荷州及懷俄明州這幾個擁搶率最高的州，人口總數反而較少，多數在第一張地圖上的標示顏色最淺。

　　在《金融時報》，我們較有可能在報導地震之類的天然災害時，繪製原始的資料呈現量的比較。

比例符號地圖

　　我們在第 4 章談過**比例符號**應用，這是一種通常可以很貼切地將文字轉入製圖世界的技巧。

下圖是 2021 年熱浪期間地中海野火爆發的**比例符號地圖**（Proportional Symbol Map），描繪 7 月下旬摧毀土耳其部分地區的火災規模。

地中海野火：土耳其和義大利遭受熱浪襲擊

資料來源：歐盟哥白尼計畫，收錄於 Alan Smith, Wildfires surge during searing Mediterranean heat, *Financial Times*, August 9, 2021. 參見 https://www.ft.com/content/e31113e1-41ed-4be0-9667-445249a487c4。

比例符號地圖扮演一個很有用的功能；哪裡需要清楚表達地理空間布局，就能派上用場。上圖無疑就是這種情況，一簇簇野火沿著地中海北岸冒出來，但事實是比例符號地圖可能會被濫用。

例如在新冠肺炎大流行初期，我們產製大量比例符號地圖，顯示新冠肺炎確診個案出現的地點。然而，一旦病毒開始蔓延全世界多數地區，繞著全

球繪製大圈圈的價值就大幅降低，因此我們轉向其他形式的視覺化做法，協助視覺化大流行病的變化情形〔請留意，稍後很快就會看到對數尺度圖（Log Scale Chart）〕。

選舉地圖

另一個在地圖上呈現量的比較的例子，就是每 4 年一次的美國總統大選。這場入主白宮的選戰，最終取決於選舉人團（Electoral College）選票的加計總數，一位候選人需要拿到 270 票才能獲勝，而每州的選舉人團票數主要取決於人口數。

2020 年美國總統大選結果

每個方塊代表一張選舉人團選票

圖片：Caroline Nevitt、Max Harlow，資料來源：美聯社（Associated Press），收錄於 Biden vs Trump: live results 2020, US presidential election 2020, *Financial Times*. 參見 https://ig.ft.com/us-election-2020. 金融時報有限公司授權使用。

我們聽取幾個 2020 年美國總統大選的處理方式，最終決定在地圖上使用一種網格圖的形式。以繪製選舉人團票數來說，**網格圖**會比我們在野火地圖上看到的圓圈更有優勢，因為它的組成元素**可數**，這意味著我們可能看到每一州的準確票數。

然而，以智慧型手機的螢幕尺寸來說，使用正統地圖當作網格圖的背景會帶來一個實質問題。即使手機螢幕較大，也只能看到東岸看起來很忙，有好幾條「指線」連結選舉人團選票網格圖，和實體面積狹小但人口眾多的州。稍微縮小地圖，就會讓它在小螢幕的手機上幾乎消失。

解決方案是另外繪製**面積變量圖**（Cartogram），它將地圖上每個區域轉換為固定、通常大小相同的形狀，讓繪圖者得以消除現實世界的實體變化，同時保留大部分的地理關係。

針對我們的選舉面積變量圖來說，海斯雷很有技巧地套用網格圖中選舉人團的單位，繪製成一個依舊看得出美國外觀的版本，保留前述大版本地圖的多數優勢，同時也保留有關每州獲得多少選舉人團選票的資訊。

這是一種妥協——改用兩個字元符號來代稱每一州，不過我們覺得，當讀者只想在公車站用手機瞄一眼結果時，會很感激這種做法。

有一件事值得提出，就是兩種地圖的結果主要都是在顯示，哪位候選人贏得哪些州，而不是整體而言誰贏了。當然我們可以請讀者自行統計藍色和紅色方塊的總數，不過這樣可能有點太辛苦了⋯⋯

事實上，這張地圖的設計初衷是想要顯示誰贏得**哪些州**，而非**整體而言**誰贏了，那就是這張地圖總會伴隨著一張簡易堆疊長條圖的原因。乍看之下，現任美國總統喬・拜登（Joe Biden）獲勝的差距一目瞭然，但是光用地圖很難立刻看出來。

2020 年美國總統大選結果
每個方塊代表一張選舉人團選票

圖片：Bob Haslett，資料來源：美聯社，收錄於 Demetri Sevastopulo, Courtney Weaver and Lauren Fedor, Tight US election reveals Trump's resilience and flaws in Biden campaign, November 4, 2020. 參見 https://www.ft.com/content/1c950b37-7318-467b-9a70-4078e0028fda。

資料來源：金融時報研究，收錄於 Biden vs Trump: live results 2020, US presidential election 2020, *Financial Times*. 參見 https://ig.ft.com/us-election-2020. 金融時報有限公司授權使用。

這個觀察方式巧妙帶入一個關於地圖的重點，就是在帶有空間元素的視覺化資料中，這種圖表並不是唯一選項。

地圖如何影響你的感覺

2016 年，我在《金融時報》的同事、負責投資銀行業務的記者努南，下了一番研究工夫，然後產生一套資料集，涵蓋分布在歐洲 8 個城市的頂尖銀行，等著在英國脫歐公投結束後取代倫敦，成為歐盟銀行業的中心。努南匯集近 5,000 家銀行實體的資訊，從中計算出每家銀行在各個城市裡的最高層級單位。

每當談到視覺化這些資訊，早期討論都會圍繞著地圖展開。這種做法看起來再自然不過了，畢竟資料本身就涵蓋地理資訊（在不同城市裡，該銀行的最高層級單位）。我們在考慮資料中這些具體模式時，希望讀者可以在地圖上看出兩大突出的關鍵面向：

1. 各城市在銀行業務方面的相對強弱

　　和

2. 各家銀行在所有城市的相對強弱

讓我們用一張草圖回答這些問題。

英國脫歐銀行業矩陣：爭奪倫敦王冠的競爭者

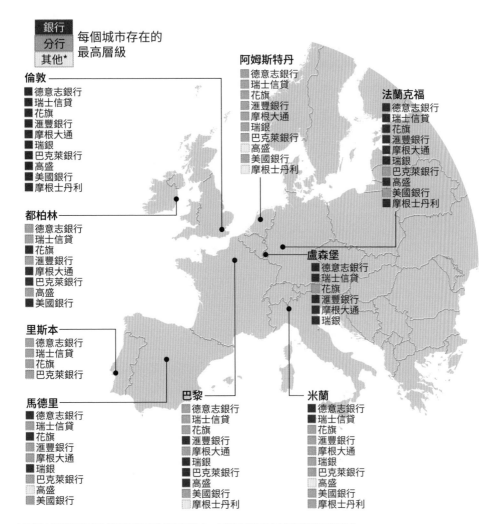

銀行
分行
其他*
每個城市存在的
最高層級

阿姆斯特丹
- 德意志銀行
- 瑞士信貸
- 花旗
- 滙豐銀行
- 摩根大通
- 瑞銀
- 巴克萊銀行
- 高盛
- 美國銀行
- 摩根士丹利

法蘭克福
- 德意志銀行
- 瑞士信貸
- 花旗
- 滙豐銀行
- 摩根大通
- 瑞銀
- 巴克萊銀行
- 高盛
- 美國銀行
- 摩根士丹利

倫敦
- 德意志銀行
- 瑞士信貸
- 花旗
- 滙豐銀行
- 摩根大通
- 瑞銀
- 巴克萊銀行
- 高盛
- 美國銀行
- 摩根士丹利

都柏林
- 德意志銀行
- 瑞士信貸
- 花旗
- 滙豐銀行
- 摩根大通
- 巴克萊銀行
- 高盛
- 美國銀行

盧森堡
- 德意志銀行
- 瑞士信貸
- 花旗
- 滙豐銀行
- 摩根大通
- 瑞銀

里斯本
- 德意志銀行
- 瑞士信貸
- 花旗
- 巴克萊銀行

馬德里
- 德意志銀行
- 瑞士信貸
- 花旗
- 滙豐銀行
- 摩根大通
- 瑞銀
- 巴克萊銀行
- 高盛
- 美國銀行

巴黎
- 德意志銀行
- 瑞士信貸
- 花旗
- 滙豐銀行
- 摩根大通
- 瑞銀
- 巴克萊銀行
- 高盛
- 美國銀行
- 摩根士丹利

米蘭
- 德意志銀行
- 瑞士信貸
- 花旗
- 滙豐銀行
- 摩根大通
- 瑞銀
- 巴克萊銀行
- 高盛
- 美國銀行
- 摩根士丹利

* 摩根士丹利和高盛的證券經紀商分行包括在內，因為它們是其歐洲網絡的重要部分。
德意志銀行在倫敦設子公司，但其主要實體是分行。

資料來源：金融時報研究，收錄於 Alan Smith, A love of maps should mean using fewer to illustrate data better, *Financial Times*, October 20, 2016. 參見 https://www.ft.com/content/de3ef722-9514-11e6-a1dc-bdf38d484582。

首先，這張地圖可以看到，德國法蘭克福標示一大堆紅色矩形，顯得強勢；全都標示橘色矩形的葡萄牙里斯本就顯得弱勢。截至目前為止，都還很順利。

但是接下來，試著使用地圖查看英國銀行業者滙豐銀行在全歐洲的結盟程度，並和美國銀行業者高盛比較一下，看看整體來說誰的地位最強……好像突然變得很困難，怎麼會這樣？

地圖強調空間關係和位置，所以如果我們的主要目標是想讓讀者看清楚，西班牙馬德里、法國巴黎或荷蘭阿姆斯特丹的位置，在地圖上呈現銀行業資訊可能會有用。

或者如果在這則報導中，城市之間的**距離**很重要，地圖也能派上用場，但是實情並非如此。一旦地圖中被視覺化的重要關係沒有任何地理空間元素，就可能帶給讀者太多無法瀏覽和記憶的資訊。

為了重新設計視覺化呈現，我從視覺化辭典中的**地理空間**元素轉向**相關性**元素，草繪一張簡易的 **XY 熱圖**，對比銀行和城市之間的關係。

這張新圖還是顯示出前張地圖採用的相同資訊，也就是每家銀行在每座城市的最高層級單位。不過我將資料建立為網格，並依照銀行最高層級單位排序位置，進而提高資料的可讀性。

就和前面的地圖一樣，我們還是可以看出，法蘭克福比里斯本來得強；但是現在想看出滙豐銀行比高盛來得強也更容易了。

我把重製的圖拿給一些同事看——得到草圖的回饋相當彌足珍貴，因為你很快就會失去中立評估所繪圖形的能力。整體來說，大家對這套新做法提供非常正面的回饋，但是我也聽到一些很有用的建議，像是增加如何讀懂圖表的說明，像是直欄代表城市、橫列代表銀行。

英國脫歐銀行業矩陣：爭奪倫敦王冠的競爭者

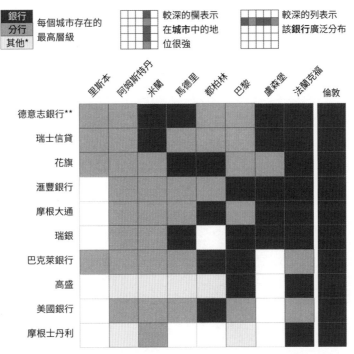

* 摩根士丹利和高盛的證券經紀商分行包括在內，因為它們是其歐洲網絡的重要部分。

** 德意志銀行在倫敦設有子公司，但其主要實體是分行。

圖片：Alan Smith、Laura Noonan，資料來源：金融時報研究，收錄於 Alan Smith, A love of maps should mean using fewer to illustrate data better, *Financial Times*, October 20, 2016. 參見 https://www.ft.com/content/de3ef722-9514-11e6-a1dc-bdf38d484582。

　　公司的保險線記者也針對保險業者編製類似的資訊，這讓我有機會拿那些資料，重新使用這張網格設計。我們已經學會如何閱讀第一張圖表，因此覺得讀者應該會發現，第二張圖表變得更容易解讀。

　　所以儘管地圖美觀、有彈性，一旦涉及地理資料，卻不見得是每個視覺化問題的解決方案。視覺化辭典強調，**地理空間**只是資料裡許多可能關係中的一種，因此應該在「對讀者來說，特定位置或地理模式比其他元素更重要」時使用。如果你忽略這句建言，做出來的地圖很可能把讀者搞昏頭。

PART

讓圖表完美
發揮作用

避免常見的資料視覺化錯誤、
改變軸線尺度、學會下標、改變顏色與字型，
發揮資料真正的價值，讓圖表更加吸睛！

第 13 章

很難想像一個沒有圖表的商業交流世界，但是我們理解圖表的效率如何？

圖表使用各式各樣的視覺編碼手法，例如位置、長度、面積、角度和顏色，都是將想要呈現的資料轉譯成頁面上的墨跡或畫素，不過這些編碼手法不見得可以同樣有效地讓讀者找出數字中的重要變化。

2019 年，我決定和同事凱爾・提福德（Cale Tilford）、奈維特，一起對《金融時報》讀者進行一場小型的線上實驗。

許多《金融時報》讀者都在商業和金融世界打滾，因此對圖表都不陌生。我們擁有一票這類精通圖表的讀者，因此很想知道他們從圖表中讀取資訊的能力，有多大程度會受到圖表呈現的視覺形式所影響。

我們把這場實驗安排成三個部分。首先，採用不同手法將資訊視覺編碼，測試讀者比較數值的能力。

第一部分：圓餅圖容易解讀嗎？

我們許多人在初等教育階段時就學會如何閱讀圓餅圖，它們在商業世界中到處看得到。不過，它們真的可以讓我們找出可能至關重要的資料差異嗎？

228

我們對讀者展示由 5 張圓餅圖構成的一組圖形，針對每張圓餅圖，都向讀者提出同一個簡單的問題：哪一個區塊的面積是第三大？

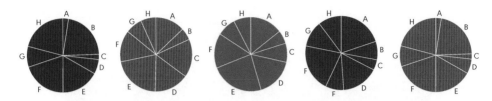

資料來源：金融時報，收錄於 Cale Tilford, Alan Smith, Caroline Nevitt, The science behind good charts, January 22, 2019. 參見 https://ig.ft.com/science-of-charts/。

接下來，我們換成一組柱狀圖，然後要求讀者執行找出面積第三大區塊的相同任務。我們並未告訴讀者 5 張圓餅圖使用的資料和柱狀圖**一樣**（這樣他們才能獨立完成每個任務）。

這是一場互動實驗，可以蒐集到讀者針對這些挑戰所回覆的答案，足以讓我們分析超過 12,000 個結果。對圓餅圖來說，這可不是什麼好消息。

在 5 張圓餅圖中，不到五分之一的讀者正確辨識出面積第三大的區塊。然而，改成柱狀圖形式呈現相同資料時，超過五分之四的讀者都能正確判斷。

比較個別數值的大小，也就是進行量的比較時，在同一條基線上的柱狀圖或長條圖，通常比圓餅圖更有效，尤其是當每個元素的數值差異都很小時。

事實上，我相信許多人都直覺地意識到，評估圓餅圖區塊的數值很困難，這就是你在現實世界中看到，多數圓餅圖都會清楚標上數字的原因。這麼做很好，但是或許有損使用圖表而非表格的初衷。

不過，為什麼比較圓餅圖裡的相似數值會這麼困難？圓餅圖視覺編碼的機制出乎意料地複雜，稍後我們再詳加闡述。

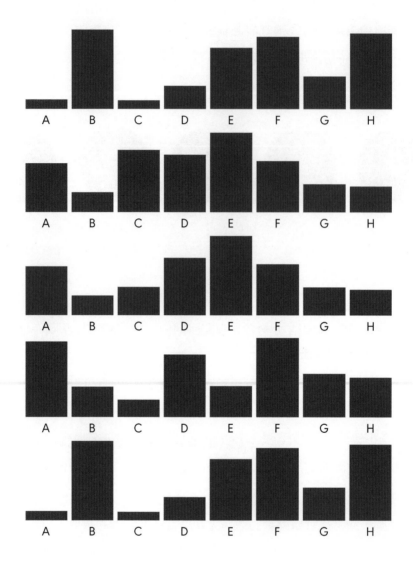

資料來源：金融時報，收錄於 Cale Tilford, Alan Smith, Caroline Nevitt, The science behind good charts, January 22, 2019. 參見 https://ig.ft.com/science-of-charts/。

柱狀圖更容易看出細微差別

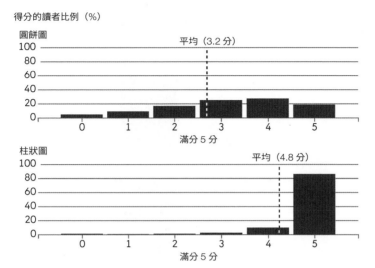

得分的讀者比例（%）

資料來源：Cale Tilford, Alan Smith, Caroline Nevitt, The science behind good charts, January 22, 2019. 參見 https://ig.ft.com/science-of-charts/。

　　如果我們在圖中長條後方的背景加上軸線和刻度，或許可以進一步提高柱狀圖任務的分數。它們在細分空間這方面成效良好，有助於精確比較顯示的數值。

第二部分：迷失在空間裡

　　我們的第一場測試是比較圓餅圖和柱狀圖，只要求讀者找出面積第三大的區塊。但光是知道哪一塊比較大不一定足夠，我們常常會想知道大**多少**。

　　在第二場測試中，我們請讀者比較 A、B 這兩處空間，然後回報 A 比 B **大幾倍**。

　　首先，我們呈現一張柱狀圖，採用高度當作比較度量（一維空間），而

後使用圓圈（寬度與高度就會產生二維空間），最後則是球形（以二維空間表示三維空間的物體，意味讀者必須比較體積）。

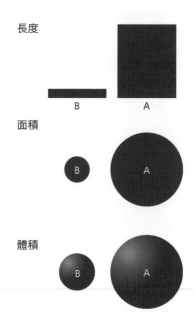

資料來源：金融時報，收錄於 Cale Tilford, Alan Smith, Caroline Nevitt, The science behind good charts, January 22, 2019. 參見 https://ig.ft.com/science-of-charts/。

我們一樣沒有事先向讀者提供這些資訊，但是在上述所有圖例中，其實 A 和 B 的大小比率都一樣：A 全都比 B 大 8 倍。

我們得到的 12,000 多個回覆的綜合結果相當驚人。長度和面積的**平均值**（平均數）答案非常準確，但是體積的平均值約為 6 倍，則代表在某種程度上讀者低估尺寸的差異。不過這種情況經常發生，平均值隱藏的資訊比顯示的資訊來得多。

查看一下「長度」數值的**分布**情形，來和「面積」比較，這時候你會看到面積的答案更多變了。如果你看向「正確答案」的左側，會有更多的讀者

表示，面積差異遠比實際來得小，其中有超過 15% 的讀者表示，A 圓的面積只有 B 圓實際面積的 3 或 4 倍。幾乎沒有任何讀者在判讀 A 直柱或 B 直柱的長度時，會犯下相同錯誤。

讀者最難搞清楚的是「體積」，它最容易得出模糊的解讀。將近十分之一的讀者認為，A 球形比 B 球形大 20 倍，和認為 A 球形比 B 球形大 3 倍的人數差不多。

形狀越複雜，越難比較數值
讀者估計的大小比較（讀者給出每個答案的百分比）

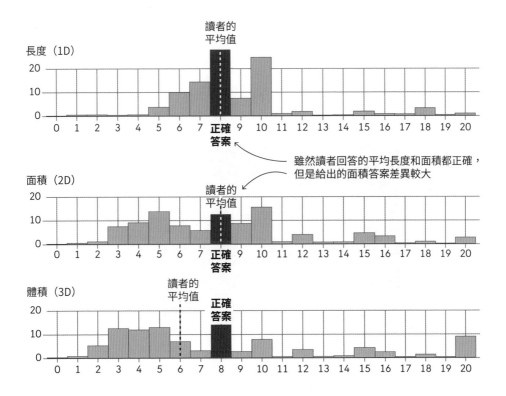

資料來源：2019 年至 2020 年，金融時報分析 12,500 名讀者的回答結果，收錄於 Cale Tilford, Alan Smith, Caroline Nevitt, The science behind good charts, January 22, 2019. 參見 https://ig.ft.com/science-of-charts/。

雖然更複雜的外形可能提供更精緻的美感，多數人或許會因此認為，球形比矩形更具吸引力，但是在資料視覺化的世界裡，反而可能帶來問題。

想讓視覺化成果看起來精美並不是壞事，我們的雙眼本來就常常會被美麗、有趣的事物吸引。但是導入視覺複雜度遠高於實際所需的做法（一般來說，多數是指毫無必要的 3D 呈現），就可能混淆你想要傳達的資訊。通往資訊圖表地獄的旅程，總是始於把偏好風格放在有意義的溝通之前。

但這不代表我們應該在商業交流時，禁止使用所有的圓圈和球形。舉例來說，有時候我們可能只想知道，A 物比 B 物大還是小，在這種情況下，圓圈就很適用。

第三部分：眼見為憑？

我們對讀者提出最後一個感知挑戰。

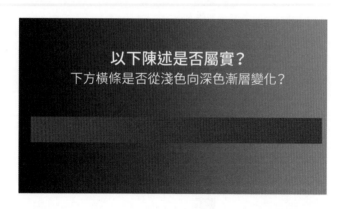

資料來源：金融時報，收錄於 Cale Tilford, Alan Smith, Caroline Nevitt, The science behind good charts, January 22, 2019. 參見 https://ig.ft.com/science-of-charts/。

接受這項挑戰的《金融時報》讀者中，有十分之四認為屬實。正確答案是橫條絕對沒有漸層變化，不過對這些人來說難以置信。

　　這個結果告訴我們什麼？我們的視覺感知能力有**脈絡依賴**（Context-Dependent）；不善於獨立看待事件。矩形橫條看起來好像有漸層變化，是因為下方較大的矩形背景有一層反方向的漸層變化。

　　我們傾向受到脈絡影響的天性，適用於一系列視覺屬性，不只是顏色，知名的繆氏錯覺（Müller-Lyer Illusion）就是這種脈絡效應（Contextual Effect）的另一個例子，這次是箭頭影響我們對連結箭頭兩端線條長度的認知。

　　雖然我們提供讀者的小測試可能簡單又好玩，但它們共同說明一個重要觀點：如果想要有效地交流資料，需要先明白人們如何理解（或誤解）視覺資訊。否則，我們幾乎沒有機會回答看似簡單的問題，好比一張出色的圖表需要什麼元素？

　　線圖、長條圖和圓餅圖都已經有 200 多年的歷史，但是直到近幾年，我們才看到針對不同資料視覺化方法的有效性，或其他面向的專門研究。

　　1984 年，美國電腦科學家威廉・克里夫蘭（William Cleveland）和羅伯特・麥吉爾（Robert McGill）合撰論文〈圖形感知：圖形方法發展的理論、實驗和應用〉（Graphical Perception: Theory, Experimentation and Application to the Development of Graphical Methods），或許是史上第一次有意義地檢視常見的感知任務，以及它們與資料視覺化的關係。在圖夫特具影響力但大部分以小論文為基礎的《定量資訊的視覺化展示》（*The Visual Display of Quantitative Information*）著作出版後沒多久，這對搭檔就提出一套基於證據的資料視覺化理論，至今仍影響深遠。它代表當今豐富且實用學術工作的起點，而且找到這個起點遠比以往任何時候都更加容易。

資料視覺化軟體公司 Tableau Software 資深研究科學家柯薩拉認為，促進大眾認識資料視覺化背後的科學，才是提升圖像交流順暢性的關鍵。他表示：「視覺化研究出乎意料地難以獲得，所以許多人似乎都覺得，1980 年代以來好像沒有發生什麼新鮮事。不過，有一個活躍的研究社群正在從事很多讓人興奮的新工作。」

柯薩拉和西北大學電腦科學系副教授潔西卡‧胡爾曼（Jessica Hullman）、科羅拉多大學（University of Colorado）電腦科學系助理教授丹妮爾‧薩菲爾（Danielle Szafir），以及紐約大學（New York University）電機系副教授安立可‧伯提尼（Enrico Bertini）合作經營一個部落格，用以推動全新的資料視覺化研究。柯薩拉解釋：「有了 Multiple Views 這個網站，希望讓好奇的人可以更容易接觸到我們，點進來看看這項工作[11]。」

學習要點

〈視覺化資料交流的科學：什麼才有用〉
（The Science of Visual Data Communication: What works）

另一個很搶眼的資源是，這篇建立清晰資料視覺化指南的評論，以及背後支持的研究。這篇開放取用的論文由西北大學凱洛格管理學院資料科學家史帝芬‧佛蘭科奈瑞（Steve Franconeri）、加州大學（University of California）認知與資訊科學系助理教授蕾絲‧帕迪拉（Lace Padilla）、密西根大學（University of Michigan）心理學教授普蒂‧夏哈（Priti Shah）、聖路易斯華盛頓大學（Washington University in St. Louis）心理與腦科學教授傑夫‧查克斯（Jeff Zacks）及胡爾曼共同編纂，對想要更深入探究有效資料視覺化背後科學原理的人是必讀作品[12]。

---

11 https://medium.com/multiple-views-visualization-research-explained

12 參見 https://www.psychologicalscience.org/publications/visual-data-communication.html。

第 14 章

多高才算矮？

在 Google 上鍵入「湯姆‧克魯斯」（Tom Cruise），搜尋引擎演算法後方的關鍵字會暗示，這位知名巨星的身高和他的票房收入一樣熱門。快速造訪網路電影資料庫（Internet Movie Database, IMDb）就可以確認，克魯斯的身高是 170 公分，不過到底這樣算高還是矮？讓我們找出其他知名演員的身高，看看克魯斯相比起來如何。

我們將找到的演員依照身高由高到矮在柱狀圖上排出，最兩端代表成人身高極限的演員都出現在影集《冰與火之歌：權力遊戲》（*Games of Thrones*）裡：哈弗波‧尤利爾斯‧比昂森（Hafþór Júlíus Björnsson，曾獲封「全世界最強壯的男人」），以及彼得‧汀克萊傑（Peter Dinklage）。

比克魯斯高的演員，包括他的前妻妮可‧基嫚（Nicole Kidman），全都排在他的左側；往右側看，也許有些人會覺得驚訝，系列電影《哈利波特》（*Harry Potter*）演員丹尼爾‧雷德克里夫（Daniel Radcliffe），實際上還比這位《不可能的任務》（*Mission: Impossible*）的小個子巨星矮一點。

著名演員的身高與克魯斯相較

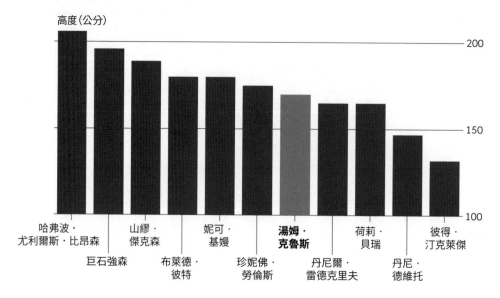

高度(公分)

哈弗波·
尤利爾斯·比昂森

巨石強森

山繆·
傑克森

布萊德·
彼特

妮可·
基嫚

珍妮佛·
勞倫斯

湯姆·
克魯斯

丹尼爾·
雷德克里夫

荷莉·
貝瑞

丹尼·
德維托

彼得·
汀克萊傑

資料來源：Google、IMDb，史密斯授權使用。

　　圖表上的一切似乎都很正常，但是對毫無戒心的圖表讀者來說，其實其中潛藏著一個大問題……

　　這張圖表的前提是以視覺方式呈現「知名演員互比身高會如何？」套用一句視覺化辭典的術語，它是在顯示一種**量的比較**關係，我們可以想成「這些物件彼此相比的話有多大？」在這方面，這張圖表在說謊。

　　比較圖表中兩個代表《冰與火之歌：權力遊戲》演員身高的長條，汀克萊傑的長條高度只有同劇演員比昂森的 30%。比昂森的實際身高是 206 公分，意味著他就是飾演綽號「魔山」（The Mountain）的格雷果·克里岡（Gregor Clegane）的不二人選。但是如果將我們的長條高度比例應用在現實中，汀克萊傑將只有 61 公分。他是矮沒錯，但也沒有那麼矮，他的真實身高大約是 132 公分，是那個數字的 2 倍多，但是我們的圖表並沒有說明這一點，為什麼會這樣？

　　錯誤印象的禍首是圖表的縱軸（y 軸），如果你仔細觀察（但不能假設多數讀者都會這麼做），就能發現它是從 100 公分開始。這麼做的意思是，圖表上每一欄的高度都不是依照比例縮放，因為我們看不到每位演員的 100 公分基本盤。如果想要提供相對高度的正確印象，就必須將長條延伸到我們開始測量的起點，也就是基礎點 0 公分。

　　讓類似這樣的圖表從 0 開始，可以矯正比例問題，但是揭露一個新問題。現在它看起來無感，因為演員之間的身高差異縮小很多。

　　不過，某樣事物的絕對大小經常不是我們最感興趣的；我們往往更想知道差異有多大，或者套用視覺化辭典的話來說，就是某樣事物和一個已知起點的**離散差異**。所以，或許我們可以重新微調問題：「其他演員都比克魯斯高或矮多少？」

　　我們改變圖表元素的關係，就無須再關注演員的絕對身高，而是他們之間的相對差異。我們的圖表計算出每位演員和克魯斯之間的身高離散差異，現在標示最高與最矮演員的縱軸就有一個略高於 74 公分的範圍。視覺上好像放大了，現在代表 0（即克魯斯的身高）的中央主幹現在成為焦點。

　　新圖表有一個額外好處，就是那些代表比克魯斯矮的演員的長條是負值，因此從 0 向下延伸，和那些比克魯斯高的演員的長條方向截然相反，這種做法讓辨識圖表中的兩個分組甚至更加容易。

　　這個例子可能看起來有點刻意，畢竟稍微扭曲好萊塢演員的身高是有什麼問題嗎？但如果這張圖表是代表一個用來傳達重大決策的不同資料集，而且使用的單位是數百萬美元或幾千人呢？軸線不要從 0 出發而帶來的感知失真，就會變得非常重要。

　　這個關於名人身高帶來的警示是什麼？代表「量的比較」的圖表通常應該從 0 出發……不過正如我們接下來會讀到的內容，這個規則只屬於視覺化辭典定義的關係，不適用**所有圖表**。

知名演員的身高與克魯斯相較

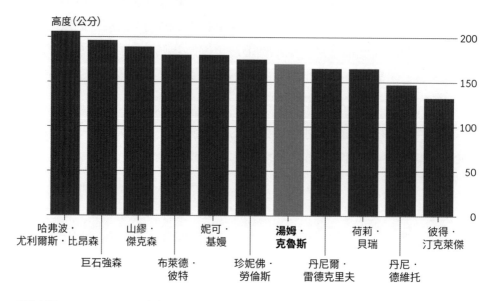

資料來源： Google、IMDb，史密斯授權使用。

知名演員的身高與克魯斯相較

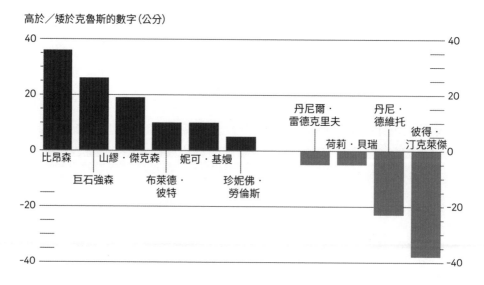

資料來源： Google、IMDb，史密斯授權使用。

從零到贏

　　數十年來，疫苗接種一向是全球公衛領域的重要主題，但是新冠肺炎大流行更讓疫苗接種成為大眾關注的焦點。

　　數十年來，英國公共衛生部（Public Health England）定期出版預防各式各樣疾病的疫苗接種資料，這意味我們輕而易舉就可以繪製圖表，顯示疫苗接種率隨時間變化的趨勢。舉例來說，下頁是一張簡單的折線圖，顯示麻疹腮腺炎德國麻疹混合疫苗（Measles, Mumps and Rubella, MMR）接種率。

數十年來麻疹疫苗接種率一直很高

英國 2 歲前接種 MMR 疫苗的兒童比例 *（%）

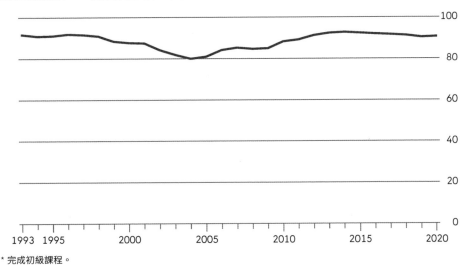

* 完成初級課程。

資料來源：COVER、英國公共衛生部，收錄於 Alan Smith, Crafting charts that can withstand the data deluge, January 25, 2016. 參見 https://www.ft.com/content/3f195d40-b851-11e5-b151-8e15c9a029fb。

乍看之下，這張圖表可能會讓讀者覺得平淡無奇，因為接種率一向很高，而且近幾十年也都保持在高水準，只有一些小波動。但是花點時間想想，我們繪製疫苗接種資料的幾大關鍵面向：

- 高疫苗接種率需要大量人數，才能實現有助遏制疫情爆發的群體免疫。就麻疹來說，世界衛生組織建議疫苗接種率要達到 95%。

- 在英國這類已開發國家中，我們會期待疫苗接種率相對較高，而且一定不要低於 50%。

上述兩點意味著，我們的圖表正隱藏如果讓縱軸從 0 開始將會透露的資訊，因為圖表中有一大塊區域顯示空白。

讓我們試著調整縱軸，不要顯示 0 到 100 之間的數值，而是顯示 80 到 100 之間的範圍。請記住，這裡用到的資料還是和第一張圖表一樣，唯一差別是縱軸刻度，並且額外增添疫苗接種目標的資訊。在這張新版圖表中，就視覺上，我們現在宣告 80 才應該被認定是**低的**數字，這是因為從脈絡來看就是如此。

這張圖和第一個版本差異極大，因此實在很難相信我們是在檢視相同資料。現在可以看到在 1990 年代後期到 2000 年代中期，疫苗接種率顯著且迅速下降，變得遠低於群體免疫所需的水準，隨後接種率上升，產生一道明顯的「V 型」復甦。這個 V 型復甦的情況和一篇如今臭名遠播的論文有關，當初是在 1998 年發表於國際醫學專刊《刺胳針》（*The Lancet*），之後在 2010 年被撤稿，因為該文暗示 MMR 與自閉症相關。

數十年來麻疹疫苗接種率一直居高不下？

英國 2 歲前接種 MMR 疫苗的兒童比例 *（%）

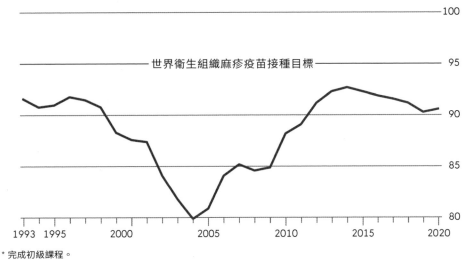

* 完成初級課程。

資料來源：COVER、英國公共衛生部，收錄於 Alan Smith, Crafting charts that can withstand the data deluge, January 25, 2016. 參見 https://www.ft.com/content/3f195d40-b851-11e5-b151-8e15c9a029fb

　　所以，什麼情況下可以只讓縱軸呈現特定區間的數字？

　　最重要的是，圖表中的單位不能是簡單的**計數**，好比演員身高、人數、千美元、每桶石油等，因為我們想要顯示的不是**量的比較**關係。

　　我們是在檢視**每** 100 名兒童的疫苗接種**率**如何**隨時間變化**，在這種脈絡下，使用軸線當作鏡頭以便放大圖表，進而彰顯資料的正常、預期或「目標」範圍，是完全合理的做法。

　　當然，在報告或簡報裡同時使用這兩種圖表完全可行，第一張圖表顯示概況，也就是「總體而言，接種率看起來相當高」，而第二張圖表則是凸顯細節，也就是「然而，如果我們放大來看就會看到問題」。不過，如果你被迫只能選擇一張圖表做出重要決定，肯定要選後者。

軸線是編輯的控制桿

我曾和一位分析師交談，她拒絕調整圖表上的軸線，因為「它會讓我飽受帶有偏見的指控」。

儘管我們可能認為，可以簡單地妥協讓步，放手讓軟體為自己做決定，以免必須扛起任何傳達資訊的責任，但是世上根本沒有中性圖表這種東西，製作圖表的決定本身就是一個編輯的決定，不製作圖表也一樣。

圖表之所以產生是為了要提供資訊，因此設計之道就應該採用一種適當為辯論或決定提供資訊的方式。

下面這張原始圖表是基於世界銀行（World Bank）的統計資料庫自動產生，顯示女性在世界各國國會裡取得席次的全球比率。

女性在國會中的代表性取得重大進展！

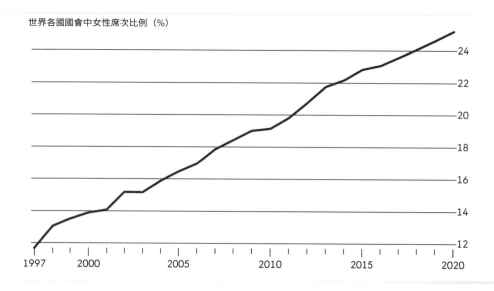

資料來源：世界銀行。

這張圖表顯示，女性在國會的比率如何**隨時間變化**，並透露出一股趨勢：從 1997 年近 12% 提高到 2020 年約 25%。再次提醒，請忽略軸線數值（因為有些解讀這張圖表的讀者會這麼做），就視覺而言，它看起來像是全世界已經解決性別代表性的問題，因為數據成功地一路從圖表左下方延伸到右上角。

每當有人使用電腦軟體製圖，軟體通常都會針對如何定義圖表軸線做出「有憑有據的猜測」，尤其是這類自動產生的圖表。一般來說，軟體會先檢視正在繪製數據的最小值（以這個例子來說，略低於 12%），也會檢視最大值（也就是 25.2%），或許還會稍微四捨五入，讓版面看起來更整齊乾淨。

軟體不太明白的是，正在對讀者顯示的資訊代表什麼意義，或是我們為什麼要製作這張圖表。接受軟體的預設值，就會因此產出一張誤導性的圖表。讓我們來修復它。

我們一開始為什麼要製作這張圖表？是為了衡量國會中性別平等的進展。那麼平等應該是什麼樣子？關於這一點，或許是女性要取得國會近半席次（也就是 50%）。

如果我們縮放縱軸（y 軸）在這個水準，就會產出一張截然不同的圖表，有一側留下一大片空白，凸顯根本缺乏實質進展。再次提醒，就像之前的麻疹疫苗接種例子，很難相信我們是在檢視相同資料。請留意，新的尺度讓我們可以下一個完全相反的標題，就是依照這個緩慢而持續的速度進展，圖中的藍線要花費數十年才能觸及 50% 的刻度。

當然，性別平等可能不是你的政策考量，若是如此，請縮放軸線，直到它符合你想表達的觀點為止……

女性需要數十年才能實現政治代表平等

世界各國國會中女性席次比例（%）

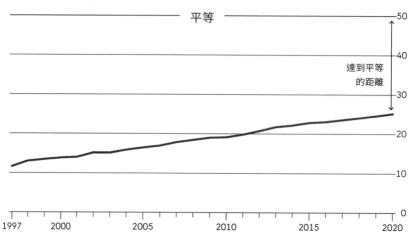

資料來源：世界銀行，史密斯授權使用。

緩慢的勝利之路

世界各國國會中女性席次比例（%）

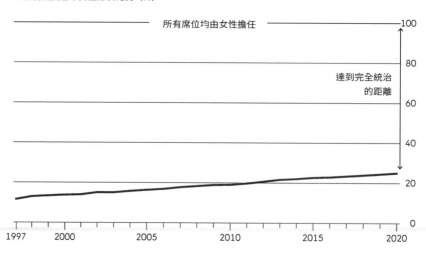

資料來源：世界銀行，史密斯授權使用。

線性之外的尺度

2020 年新冠肺炎大流行的早期階段，各家新聞組織想向大眾精確傳達它的規模迅速升級，無不絞盡腦汁克服這方面的挑戰，這時候圖表站上舞台中心。

2020 年 10 月，英國廣播公司（BBC）體育節目主持人加里‧連尼加（Gary Lineker），對 700 萬名粉絲發送一則推文：「在這場大流行病的噩夢裡，我可以想到的唯一正向發展是，我們有些人可能因此學會閱讀圖表。」

其中有一張圖表很快就迅速竄紅，穩坐暗黑象徵的地位，幕後推手是我在《金融時報》的同事伯恩－梅鐸（這是因為有位讀者發送推文，表示在 Google 上鍵入「金融時報死亡圖表專家」，出現伯恩－梅鐸的名字）。

伯恩－梅鐸的目標是，讓讀者理解這場疫情大流行在世界各地傳播的速度有多快，並據此設計新冠肺炎病毒軌跡圖。針對圖表的縱軸，他選用「對數尺度」（Log Scale/Logarithmic Scale）代表新冠肺炎病毒個案數。

我們從疫情大流行中擷取相同資料，做成兩張圖表並互相對比，可以看到這個決定帶來極大的視覺影響，其中一張是採用我們很熟悉的線性縱軸（y軸，也就是數字依照順序遞增）；另一張則是採用對數尺度軸。

對數尺度圖在顯示新冠肺炎浪潮早期個案數量急速增加時表現更出色，我們在對數尺度圖上可以看到，義大利和南韓的發展軌跡原本極為相似，直到本土疫情大爆發才走向分歧。在線性尺度圖上，很難看出南韓爆發疫情。

什麼是對數尺度？

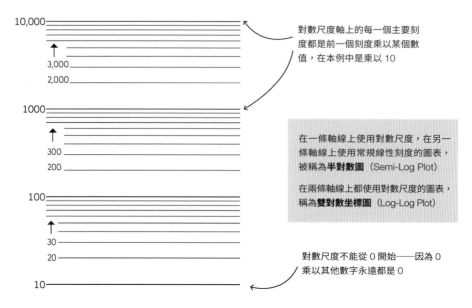

對數尺度軸上的每一個主要刻度都是前一個刻度乘以某個數值，在本例中是乘以 10

在一條軸線上使用對數尺度，在另一條軸線上使用常規線性刻度的圖表，被稱為**半對數圖**（Semi-Log Plot）

在兩條軸線上都使用對數尺度的圖表，稱為**雙對數坐標圖**（Log-Log Plot）

對數尺度不能從 0 開始──因為 0 乘以其他數字永遠都是 0

相同資料，不同故事

以 7 天為滾動平均數（Rolling Average）的新冠肺炎新增死亡人數

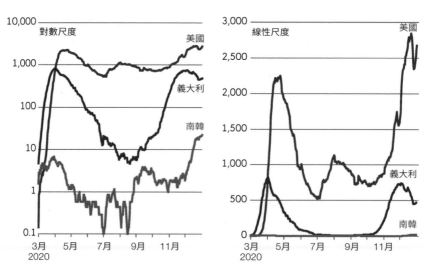

資料來源：改編自 ft.com/covid19 的圖表。

伯恩－梅鐸的圖表每天更新，因此影響力極大；世界各地的新聞機構採用類似圖表，在歐洲和美國的第一波疫情大流行期間，它們就是社群媒體的主要內容。

現在對數尺度圖蔚為主流，甚至可以說是無所不在，有很大一部分要歸功伯恩－梅鐸的努力。Google 搜尋趨勢（Google Trend）顯示，隨著疫情大流行快速蔓延，截至 2020 年 3 月底，全球搜尋排行榜的關鍵字「對數尺度」（Logarithmic Scale）突然激增，推測是全世界讀者隨著封城而被迫待在家中，因此日益熟悉這種以前從未看過的軸線類型。

這就提出一個重要的問題：那些以前就看過對數尺度圖的人是否讀懂？倫敦政治經濟學院（London School of Economics, LSE）研究人員調查後暗示，他們有讀沒有懂。

在 Google 搜尋「對數尺度」

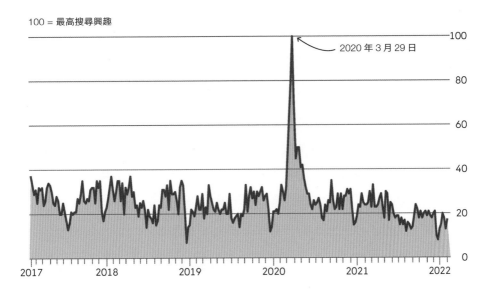

資料來源：Google。

更讓人擔心的是，研究團隊發現，對數尺度圖影響大眾看待疫情大流行的態度，意味著讀者與傳統線性圖對比後，「發現對數尺度上的曲線（看起來）比較平坦並讓人安心」。倫敦政治經濟學院研究團隊完成調查後，建議「大眾媒體和政策制定者應該一直採用線性尺度圖表，以便說明疫情大流行的演變過程，或是至少應該同時列出這兩種尺度」（參見倫敦政治經濟學院對數尺度研究）[13]。

當然，隨著我們持續深入理解大眾如何閱讀圖表，永遠都歡迎這類研究。不過有可能是研究的重點也誤判對數尺度的價值，例如研究有一部分是詢問受試者：「某一週或另一週是否有更多死亡人數？」但是這項任務顯然更適合線性尺度，因為它的重點就是在強調規模程度。

此外，研究沒有讓許多資料視覺化的專業人士眼睛一亮，以前他們定期就得向感到困惑的讀者解釋對數尺度，如果你把這種經驗結合新進的研究結果，很容易就會歸納出，我們永遠不該使用對數尺度的結論。

但是經驗告訴我們，有時候走溫和路線的線性尺度會隱藏關鍵見解，而對數尺度有能力破解，因此值得你培養圖解能力，以便學會如何解讀。讓我們再看看兩個例子，然後總結探討尺度的這一章節。

預防圖表上的極值蓋牌重要差異

傳奇的統計學家、TED 演說家暨圖表傳播者羅斯林明瞭，有另一種方式可以讓對數尺度圖協助我們理解關鍵模式——放大細節，否則它們就會被一些極端值（統計術語稱為「離群值」）所掩蓋。

在下面的例子裡，散布圖比較一系列新興經濟體和已開發經濟體的人均國內生產毛額與預期壽命。正如你可能會預期的結果，經濟較富裕的國家預期壽命往往也較長。

---

13 https://blogs.lse.ac.uk/covid19/2020/05/19/the-public-doesnt-understand-logarithmic-graphs-often-used-to-portray-covid-19/.

離群值有時會主導散布圖

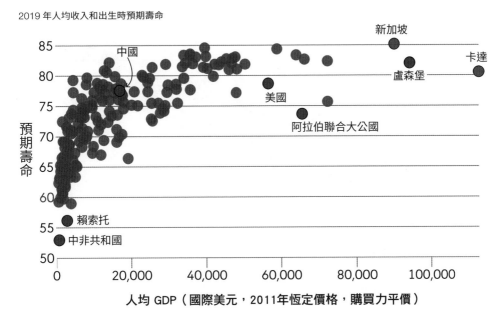

2019 年人均收入和出生時預期壽命

資料來源：Gapminder，蒐集基於世界銀行、,Maddison Lindgren、國際貨幣基金及其他機構的數據，史密斯授權使用。

　　但是理解開發中國家的收入差異很重要：100 美元和 1,000 美元之間，相差 900 美元，實際上差很大，遠高於 39,100 美元和 40,000 美元之間的相同差距。不過我們在這裡再次看到線性尺度的問題，也就是為了將刻度延伸得夠遠，以便納入盧森堡之類的富裕國家，導致低收入國家全被擠在圖表左側。

　　對數尺度再次提供幫助，讓我們可以清楚看出，非洲的剛果和賴索托等低收入國家詳細的差異。事實上，國內生產毛額與預期壽命之間的一般模式也變得更清晰。

對數尺度有助於我們看到所有資料之間的差異

2019 年人均收入和出生時預期壽命

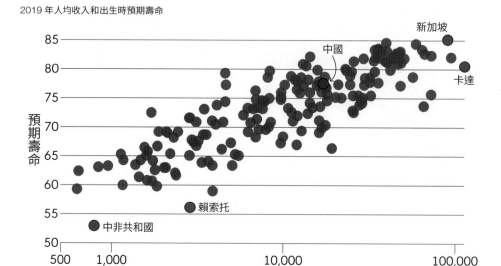

資料來源：Gapminder，蒐集基於世界銀行、Maddison Lindgren、國際貨幣基金及其他機構的數據，史密斯授權使用。

所以儘管有很多困難，但是能夠認識對數尺度軸，並理解如何加以解釋，顯然值得一試。在這麼做時，我們應該也要體認到，許多人還是對此並不熟悉，這就是有必要詳細解釋的原因，才能為圖表提供的資訊交代脈絡關係。

顯示如指數暴衝般的成長率

道瓊工業平均指數（Dow Jones Industrial Average）是全世界最悠久的金融指數之一，於 1896 年成立，追蹤 30 家在美國證券交易所上市的大型企業股市表現。時至今日，分析師仰賴其他更足以代表整體股市的替代指數，較不那麼推崇道瓊工業平均指數，不過它的歷史悠久使大眾依舊感興趣。

下圖採用標準的線性刻度，在簡單的折線圖上繪製整個時間序列。

多麼嚴重的大蕭條

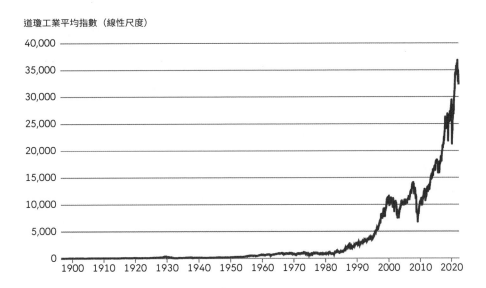

道瓊工業平均指數（線性尺度）

這個圖表有什麼大問題？一開始，它就有效隱藏歷史上最嚴重、為期最久的經濟衰退對指數造成的影響。道瓊工業平均指數一共花費 25 年，才從 1929 年華爾街崩盤的嚴重破壞中恢復元氣，但是採用線性尺度幾乎完全隱藏長達四分之一個世紀的動盪，現在讓我們採用對數尺度檢視相同資料。

如今在這個指數完整的生命週期裡，泡沫的高峰和崩盤的低谷成為關注焦點。在線性尺度上，唯有最近發生的事件才值得注意，不過你現在知道它們反而被過度強調了。

道瓊指數用了 25 年才從華爾街崩盤中恢復

道瓊工業平均指數（對數尺度）

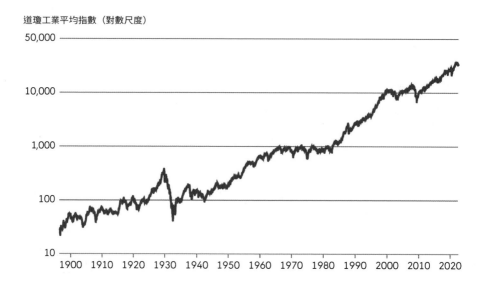

資料來源：Samuel H. WIlliamson, "Dally Closing Value of the Dow Jones Average, 1885 to Present," MeasuringWorth, 2022，收錄於 Alan Smith, How alternative facts rewrite history, January 31, 2017. 參見 https://www.ft.com/content/3062d082-e3da-11e6-8405-9e5580d6e5fb。

　　在這個例子裡，對數尺度圖無疑更有效果，因為我們對指數感興趣的程度是採用**相對值**衡量：我們確實對 100 和 200 之間的差異，與 1,000 和 2,000 之間的差異一樣感興趣，它們都代表加倍。這很像是疫情大流行的早期階段，有助於解釋我們認為對數尺度能有效彰顯加速和減速的原因。

　　這和知名的《金融時報》對數尺度新冠肺炎病毒圖又有什麼關係？我們建立互動版本 [14]，讓讀者可以切換線性尺度和對數尺度，以及圖表外觀等其他方面的設定。我們覺得讓讀者探索各種設定對圖表外觀影響的差異，可以讓它們變成有價值的教育工具。

---

[14] https://ig.ft.com/coronavirus-chart.

第 15 章

文字是資料圖表的重要部分，以最低限度來說，我們都需要文字描述並量化所繪製的數據，少了文字的圖表不過是抽象的幾何圖形。然而，每當提到頂尖製圖者需要什麼特質，很少人會認為寫作技能高居第一。學術研究認為這種想法不夠周延。

2015 年，來自加拿大英屬哥倫比亞大學（University of British Columbia）博士後研究員蜜雪兒・柏金（Michelle Borkin），與美國麻省理工學院博士生卓雅・拜琳斯基（Zoya Bylinskii）合組一個團隊，調查資料視覺化如何被判讀和回想。這個團隊的發現成果中，有一點值得留意，就是強調關鍵字詞的重要性：

「標題與文字吸引人們的注意力，而且在編碼過程中被反覆咀嚼，因此相應之下有助判讀和回想。在視覺化成果裡，人們花費最多時間閱讀文字，更具體來說是標題。」

因此，特別是以**敘述字句**為首的文字，將圖表的作用從「**這裡有一些數字**」（Here are some numbers，你可能記不得），轉變為「**這裡有一個故事**」（Here's a story，你可能會記得），讓圖表大變身其實不需要太多文字。

　　下圖是我在《金融時報》的同事邁爾斯·麥克米克（Myles McCormick）的作品，繪製英國連鎖麵包店 Greggs 的股價圖。這張簡圖是《金融時報》為自家記者打造的製圖工具 FastCharts 製成。

Greggs 股價

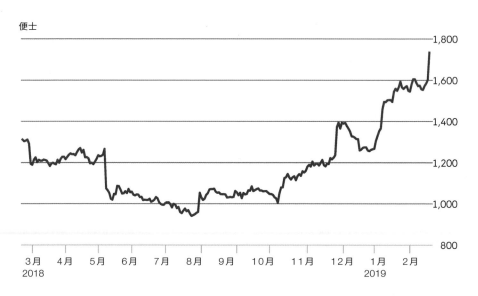

資料來源：路孚特〔前身為湯森路透（Thomson Reuters）〕，收錄於 Greggs raises annual forecast despite supply pressures, *Financial Times*, October 5, 2021. 參見 https://www.ft.com/content/47b4f6ee-d008-489d-b621-a4791674dbc1。

　　現在思考一下，當麥克米克在標題上增添細節，並加上指向關鍵時刻的簡潔說明，也就是這家公司的酥皮素捲上市那一天。

　　哪一個版本提供更有價值的閱讀體驗，答案很明顯。標題和圖表額外加上的字眼，就讓一切改觀。麥克米克把他的圖表變成一則「微報導」：更有意義、簡明扼要，並且讓人難忘。

首次推出素食產品後，Greggs 股價創下歷史新高

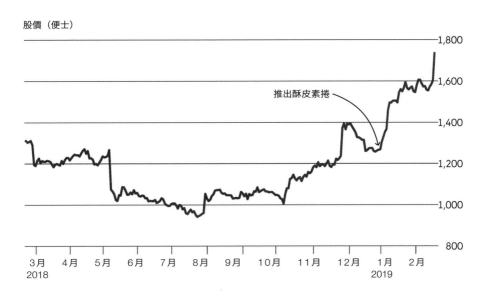

股價（便士）

推出酥皮素捲

1,800
1,600
1,400
1,200
1,000
800

3月　4月　5月　6月　7月　8月　9月　10月　11月　12月　1月　2月
2018　　　　　　　　　　　　　　　　　　　　　　　2019

資料來源：路孚特（前身為湯森路透），收錄於 Greggs raises annual forecast despite supply pressures, *Financial Times*, October 5, 2021. 參見 https://www.ft.com/content/47b4f6ee-d008-489d-b621-a4791674dbc1。

　　這張圖也可以獨立存在，這一點很重要。一張圖表無需其他外部脈絡說明即可以理解基本訊息，就有能力在主要文章、新聞報導或簡報檔案外蓬勃發展。舉例來說，如果你想將圖表當成社群媒體策略的一部分就很方便。

《金融時報》的圖文配方

　　對於柏金和拜琳斯基的研究，我在《金融時報》視覺與資料新聞團隊的同事並不意外，我們基於多年的新聞編輯部經驗，對圖表文字的重要性已經建立自己的認知。練習**絕對**有幫助，和業界最優秀的副主編共事，也讓我的團隊保持警惕。

標題

一套有根據的論點主張，標題應該是你在製圖過程中第一個想出來的元素。畢竟，如果在一開始就寫出圖表理當顯示的內容，應該就會有一些根據來判斷你的最終產品。

實務上來說，在整個過程中讓自己留有餘裕是有利的——標題可以且應該順勢進一步編輯、修潤。不過，盡早下好草稿標題確實是好習慣。

在《金融時報》遇到的多數情況下，我們都力求採用有助於加深記憶和有意義的**敘述性**圖表標題。在這種形式中，標題的作用類似報導的主標題或副標題。

《金融時報》數位出版部門負責人湯姆・史塔克斯（Tom Stokes），開辦標題寫作的內部培訓課程，還很好心地花費一些時間，和我的團隊一起開發自己的技能。史塔克斯協助我們理解什麼是出色的圖表標題，必須：

- **讓你想要閱讀或查看**。圖表不該毫無特色，應該能吸引讀者的注意力，否則就等著被忽視。

- **容易理解並能「獨立自足」**。要能鼓勵讀者繼續觀看，還能從圖中學到更多關於圖表主題的資訊，不過要把這一步變成後續動作，而不是理解這張圖表的先決條件。

- **包含關鍵字**。讀者瀏覽文字和關鍵字，對他們理解內容有所幫助。在網路上，標題的關鍵字還可以協助讀者，第一時間就在搜尋引擎與社群媒體上找到你的圖表。

- **準確又真實**。在一個到處都有「假新聞」的時代，沒有什麼會比讓你的圖表禁得起嚴格檢視更重要。

- **承諾圖表如實傳達標題的意思**。考慮到讀者可能會先讀標題，我們希

望圖表的內容提供強化並證明標題合理性的證據。坎貝爾和馬蘇林繪製下方這張賞心悅目，但內容複雜的圖表，有可能與使用簡單文字的標題形成鮮明對比，不過標題和圖表顯示的資料內容完全一致。

大多數外卡球員都沒有贏得第一場比賽

1977～2021 年溫布頓錦標賽外卡球員達到的最遠階段

● 英國人　　● 其他國籍

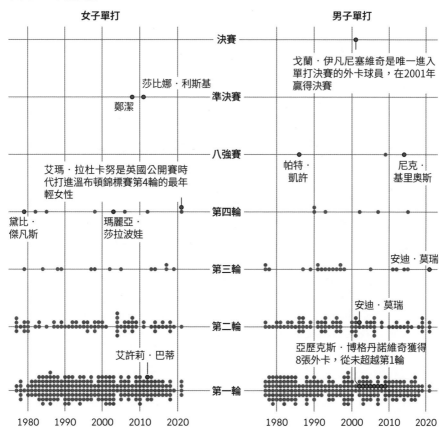

圖片：Chris Campbell, Patrick Mathurin，資料來源：溫布頓資料，收錄於 Samuel Agini, Patrick Mathurin and Chris Campbell, Wimbledon wild card success does not disguise financial challenge, *Financial Times*, July 10, 2021. 參見 https://www.ft.com/content/860b0619-a10e-4f13-abee-c9f27d775b99。

對聚焦解釋事物的圖表而言，請考慮採用**如何**……或**為什麼**……的標題，這種做法有助於建立「承諾」。請留意，附帶箭頭符號的說明可以協助圖表兌現對標題的承諾。下方這張解釋性圖表的文字，幫助強化我們在前一章學到有關對數尺度的知識。

對數尺度如何呈現指數成長

英國因新冠肺炎死亡人數的 7 天滾動平均值

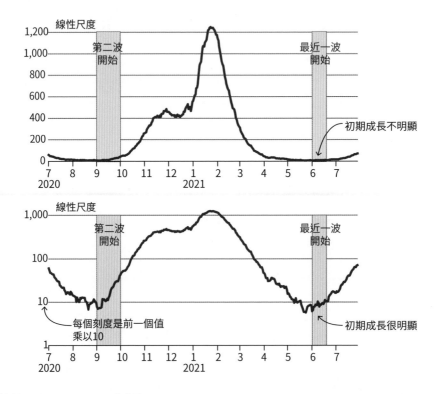

資料來源：ft.com/covid19，收錄於 Coronavirus tracker: the latest figures as countries fight the Covid-19 resurgence | Free to read, December 20, 2021. 參見 https://www.ft.com/content/a2901ce8-5eb7-4633-b89c-cbdf5b386938。

一個精心挑選的**主動動詞**可以凝聚圖表焦點，提供達成目的的真實敘事。

海外買家放眼英國實體店

土地登記處被具有海外地址的個人所登記的所有權（英格蘭和威爾士，千個）

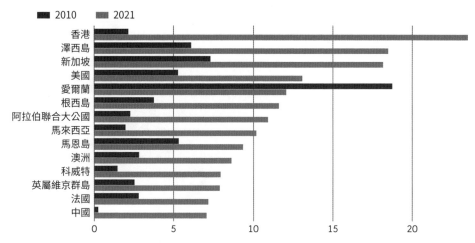

資料來源：公共資料中心（Centre for Public Data），收錄於 George Hammond, Foreign ownership of homes in England and Wales triples, *Financial Times*, November 12, 2021. 參見 https://www.ft.com/content/e36cec28-7acd-4154-b57d-923b5d1610da。

這個標題的**被動**版本是「英國實體門市正被海外買家相中」，嚴格上來說沒錯，但是缺乏主動版本具備的影響效果。

有時候，可以先考慮圖表中的視覺化辭典關係，再找出適當的動詞。舉例來說，**激增**可能暗示「隨時間變化」，而**上升／下降**則可能意味著我們在強調「排序」。

有時候，我們可以直接採用從視覺化辭典中擷取的動詞。下方標題中「相關」這個詞彙，就是吸引注意力的好方法，讓讀者檢視我們感興趣數字之間的比較，同時有助於證明，選擇散布圖呈現資料的合理性！

疫苗猶豫與政治高度相關

各州對新冠疫苗的猶豫與川普的得票情形

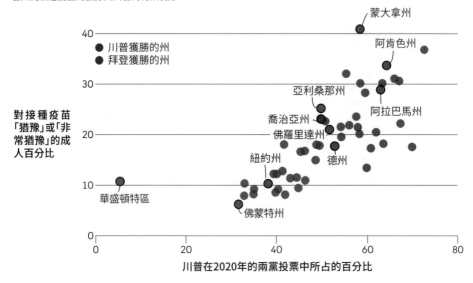

資料來源：美國衛生及公共服務部使用 5 月 26 日至 6 月 7 日的聯邦調查資料，對疫苗猶豫的州層級估計；Cook Political Report 中川普各州得票數，收錄於 Nikou Asgari, A form of brainwashing: why Trump voters are refusing to have a vaccine, *Financial Times*, July 21, 2021. 參見 https://www.ft.com/content/39ff87ce-57b7-4007-9504-7eb2c7bc911f。

　　將標題**上色**以便凸顯我們應該留意圖表中的關鍵資訊，就能發揮更大作用。在下方這張由張繪製的圖表裡，標題塗上代表共和黨的紅色，有助為報導內容定調。你也看到圖中有正式解釋顏色的圖例，不過標題本身就清楚表明，紅色才是需要注意的顏色。

　　最後，《金融時報》是一家國際新聞機構，但英語不是絕大部分讀者的第一語言，因此我們通常希望避免使用雙關語和其他形式的文字遊戲。

維吉尼亞州長選舉的投票率創歷史新高，而楊金險勝

2009～2021 年州長選舉投票

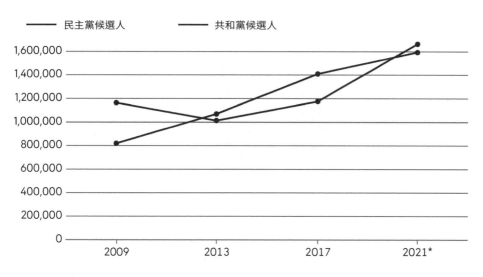

*2021 年為非官方資料。

圖片：張，資料來源：維吉尼亞選舉部，收錄於 Lauren Fedor and James Politi, Crushing defeat in Virginia governor's race stokes fears among Democrats, *Financial Times*, November 4, 2021. 參見 https://www.ft.com/content/a44828e6-c522-449e-8f49-91a8c9fff3eb。

　　然而，我們是普通人，偶爾也會出差錯。我在 2018 年英國家戶水價圖表的標題寫下「水價型態」（The shape of water prices），對當年勇奪奧斯卡（Oscar）最佳影片獎的《水底情深》（*The Shape of Water*）不雅地致敬。我有意識到打破自己訂定的規則，這或許可以解釋我這麼愛它的原因……

副標題

　　為了讓圖表能獨立存在，需要非常清楚地交代圖中顯示什麼資料，這就是副標題扮演的角色。我們可以把它想成「一站購足」（one-stop shop）所有圖表的詮釋資料（Metadata）。其中包括：

水價型態

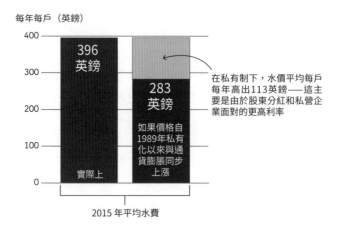

每年每戶（英鎊）

在私有制下，水價平均每戶每年高出113英鎊——這主要是由於股東分紅和私營企業面對的更高利率

2015 年平均水費

資料來源：David Hall、英國國家審計署（NAO），收錄於 Returning the UK's privatised services to the public. 參見 https://www.ft.com/content/90c0f8e8-17fd-11e8-9e9c-25c814761640。

- **資料序列**，也就是要測量什麼？（如新冠肺炎疫苗接種率、營業利潤、犰狳族群等）。

- **資料單位**（如每 100 人、10 億美元、犰狳數量）。

- 資料的**地理空間或範圍**〔如英國、標準普爾 500 指數（S&P500）、倫敦動物園〕。

- 假使圖表內容沒有交代清楚，就顯示時段（如截至 12 月 31 日、2019 年財務年度、最近一次動物園統計調查日期）。

　　對許多人來說，這些資訊就是他們習慣用來當作標題的內容。雖然讓讀者看到這些資訊很重要，但在多數情況下很難記住。如果想發揮視覺效果與讀者交流，就得善用標題和副標題的組合，邀請讀者閱讀。

資料來源／注腳

　　有時候對副標題來說，資料的完整描述可能用字過多。例如有可能定義本身就很冗長，以理解圖表的初始訊息來說根本沒必要，但以提供完整性和後續分析而言卻很重要。這就是注腳派上用場的地方。顧名思義，注腳往往會放在圖表下方，讀者在閱讀圖表時，就能從標題／副標題率先看起。

　　此外，在圖表下方，副標題引用的**資料來源**應該明確列出。對公開性和透明度來說，這一點非常重要，讓我們的圖表顯得可靠且可能重製。如果那項資料可以在網路上自行取用，提供連結就是有禮貌的好做法。

圖例

　　幾乎不用多說，因為圖表使用顏色、大小、質地等，以便彰顯資訊，我們應該協助讀者解譯我們的編碼，這就是圖例的功能。

　　然而，最出色的圖表設計會盡可能把圖例併入圖表的主要部分。請看下頁上方這張關於政府管控新冠肺炎大流行的折線圖。

　　圖例很清晰也很明顯，但是因為圖表中有太多線條，理解資訊時必須在圖表和圖例之間來回掃視，閱讀圖表最終變成一項記憶力大考驗的任務。

　　現在再看一下調整後的下方版本，這一次直接在線條旁邊標示國家名稱。我們再也不用來回掃視，就可以直接閱讀每個說明。這種做法帶來另一個重要優勢，就是再也不用單靠顏色賦予線條意義。

政府的疫情管控嚴格程度如何變化

牛津大學疫情控管指數（Stringency Index）

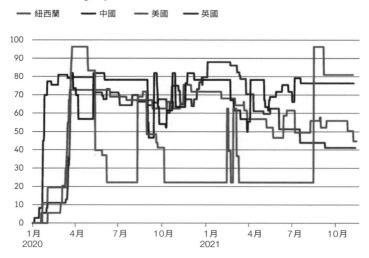

資料來源：牛津大學布拉瓦特尼克政府學院（Blavatnik School of Government），收錄於 Valentina Romei, Virus restrictions deal European economy lesser blow than in spring, *Financial Times*, November 11, 2020. 參見 https://www.ft.com/content/7579eaf1-4f12-41bc-a0aa-1f89ac086cc7。

政府的疫情管控嚴格程度如何變化

牛津大學疫情控管指數

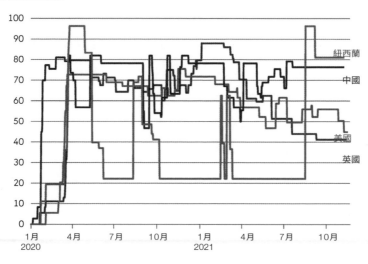

資料來源：牛津大學布拉瓦特尼克政府學院，收錄於 Valentina Romei, Virus restrictions deal European economy lesser blow than in spring, *Financial Times*, November 11, 2020. 參見 https://www.ft.com/content/7579eaf1-4f12-41bc-a0aa-1f89ac086cc7。

注釋

每當談到在圖表上加上文字時，有很多人就會擔心。一名曾和我共事的碩士生告訴我，覺得我好像很鼓勵他們下「主動式標題」，還要寫上注釋，就好像要他們在相當中性的圖表上塗鴉似的。

首先我要推翻的就是這個觀念：**不**在圖表上加上文字，會讓它們看起來中性。製圖的決定是出於編輯所需，源自交流見解的渴望，突然停止表達這些見解，就會讓它們更難以閱讀，而且會打斷得來不易的知識傳播（**不製圖**的決定就是在隱藏資訊和見解，更稱不上中性）。

如果你不相信我的話，不妨聽聽考克斯的說法，她是屢獲殊榮的資料編輯，也是《紐約時報》前圖像編輯：「在我們的工作中，注釋是最重要的工作……要不然這張圖就只是一張圖，你自己想辦法搞清楚就好了。」

注釋為資料說明背景，協助讀者理解圖中模式的關鍵資訊，可以顯示目標、凸顯關鍵時刻，並強調重要趨勢。撰寫注釋務必留意一些原則：

- 保持簡短：短句容易記住，長句則不然。
- 如果需要依照順序閱讀注釋，請加上編號或類似方式。
- 使用箭頭、線條和其他指示工具，讓每個注釋所指的元素都清晰明確。

圖中的注釋要和其他文字元素同步，這樣才能製作出讓人難忘、意義重大、自成一格的資料敘述。下圖取材自上一章，這次附上注釋，以便解釋讀者需要知道的關鍵資訊。

名譽掃地的研究如何引發麻疹疫苗接種危機

英國 2 歲前接種 MMR 疫苗的兒童比例 * (%)

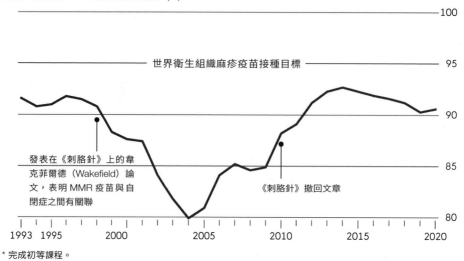

* 完成初等課程。

資料來源：COVER、英國公共衛生部，收錄於 David Robert Grimes, How to take on Covid conspiracy theories, *Financial Times*, February 5, 2021. 參見 https://www.ft.com/content/6660cb80-8c11-476a-b107-e0193fa975f9. 金融時報有限公司授權使用。

第 16 章

從顏色到大小的設計訣竅

2010 年，英國廣播公司主編馬克・伊斯頓（Mark Easton）撰文，探討英國在老人照護領域面臨的地方和國家挑戰。他為了說明這些挑戰，擷取我為英國國家統計局建立的互動式動畫地圖，好配合「全國銀髮日」（National Older People's Day）活動。

伊斯頓引用我的作品時，好心稱呼我是「得獎設計師史密斯」。感覺有點奇怪，因為以前我從未自認為「設計師」。看到這句話出現在英國廣播公司網站上，成千上萬名讀者都可能讀到這則報導，讓我有點冒牌者症候群。

不過，我想得越多就越明白，自己完全誤解設計和資料視覺化之間的關係。

設計師單純是指設計者，而圖表正如貫穿本書的精神所說，理當需要設計，所以圖表設計就像時尚設計、室內設計和軟體設計一樣，是一個需要專業設計師的領域。突然間，我的職業開始變得更有意義了。十多年後的今天，我們看到遠多於以往的「圖表設計師」，這當然是蓬勃發展與快速演化領域的明確象徵。

本書確實不是著眼一般的設計理論，但我意識到許多人不曾更廣泛研究其他設計領域，就成為「圖表設計師」，以下有些核心原則，可以大幅幫助他們解決製作有效圖表的挑戰。

顏色

雖然顏色只是可見光的一套把戲、電磁波譜的小小一部分，在我們大部分的日常生活中卻是非常強大的常數。

每當談到圖表時，顏色就可能成就或破壞我們的溝通嘗試，那就是值得我們嘗試多了解一點它的本質，然後善用它建立更出色圖表的原因。

許多人常聽到，電腦螢幕採用紅（Red）、綠（Green）、藍（Blue）三原色的組合，來顯現顏色。這三個顏色結合時，可以在一個特定色彩的範圍或「色域」（gamut，稱為 RGB 色彩空間）內產出任何變化，三原色光模式（RGB）及其相應的印刷四分色模式（CMYK）相反。

兩種色彩模式對比

三原色光模式（RGB）

紅、綠、藍三原色混合成其他顏色。當它們以最大強度混合時會變成白色──**加色法**模型

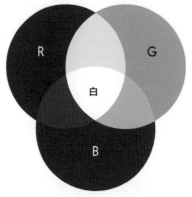

RGB 用於電腦螢幕，是網頁的顏色模式。

印刷四分色模式（CMYK）

將青色、洋紅色和黃色混合成其他顏色，混合後形成一種接近黑色的顏色──**減色法**模型

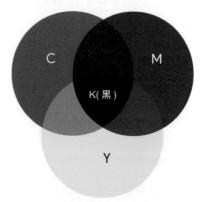

CMYK 用於印刷，三種主要顏色（CMY）通常會搭配專用的純黑色板（K）。

　　請留意一件事，上方的模式都已簡化。兩種模式都可以顯示不只幾種原色（primary colour）或二次色（secondary colour），但是實現的方式大不相同。加色法的 RGB 模式允許微調 RGB 亮度等　，以便獲得連續色調⋯⋯

　　⋯⋯但減色法的 CMYK 模式，倚賴一般稱為半色調（halftoning）的印刷過程。半色調圖像逐步調整只使用基本色板印刷的色點尺寸和位置，進而模擬連續色調。

我要坦承：上面的例子完全是偽造的。出於印刷本書的目的，我的電腦螢幕上的 RGB 色彩已經轉換為 CMYK，這是一個可以切換的過程，不過我要提出嚴正警告：RGB 的色域比 CMYK 色域更廣泛，有些顏色可以在螢幕上顯示，卻無法在印刷品上重現，一般來說是比較明亮的顏色。因此對多數人來說，良好的一般工作流程始終使用 RGB 色彩，只會在需要印刷時才轉換成 CMYK。

創造 RGB 色彩

多數電腦軟體都會允許根據紅、綠和藍的亮度等級來指定色彩，這麼做很恰當、簡單，但是對製圖者來說，許多套裝軟體也提供更有用的三原色光模式視圖，簡稱為 HSL 色彩模式：

- H 代表**色相**（Hue），是指「可命名」的顏色：好比紅色、黃色、綠色等，而且可以指定 0 度到 360 度之間的角度。

- S 代表**飽和度**（Saturation），是指在任何既定的明度等級下應用的色彩總量。一旦少了飽和度，就沒有所謂的色彩，你只能看到一片灰。

- L 代表**明度**（Lightness），決定傳輸光線總量。一旦沒有光，也就是明度為 0% 時，只會顯示黑色；當明度為 100%，就會顯示白色。

RGB 色彩的 HSL 視圖

在固定的50%明度下視覺化色相與飽和度

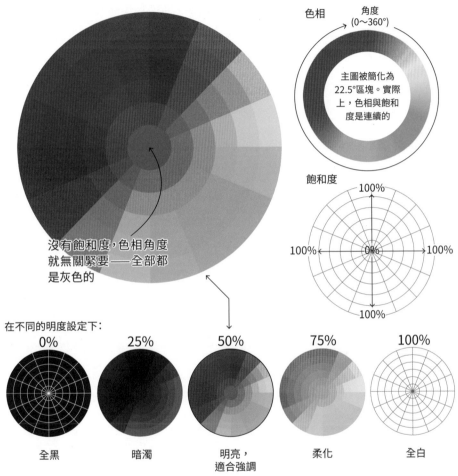

使用如 HSL Colour Picker 這類線上工具，可以免費又輕鬆地在傳統 RGB（其中紅、綠、藍數值各在 0 至 255 的區間內），以及 HSL（H＝0 至 360、S＝0 至 100、L＝0 至 100）之間自由轉換，不過為什麼 HSL 色彩模式會這麼好用？

- 在 HSL 中，色相角度（H）的排列方式類似標準色相環（Colour Wheel），就是那種你在選擇油漆色卡或執行室內設計時可能會看到的東西。對設計配色來說，這種環狀排列的方式極為好用。例如你在找出一對「互補」色時，只需要色相值相距 180 度就好，因為在 HSL 色彩模式中，互補色直接就是對面那個顏色。

- 調整飽和度可以讓我們強化或弱化顏色，再加上明度調整，對於調整變得飽和的高明度與變得不飽和的低明度都很有用。

- 或許最重要的是，我們可以善用明度變化，確保某種顏色和另一種顏色之間的視覺對比，無論它們的色相如何。這一點很重要，因為它確保有色覺辨認障礙（即色盲）的讀者，或是採用黑白印表機列印圖表時，都能有足夠的對比度。

資料視覺化的配色方案

正如在第 13 章中讀到的，我們對顏色的感知必須仰仗脈絡說明，也因此針對該如何善用顏色這類問題，答案是「看情況而定」，這確實滿讓人沮喪。儘管如此，我們依舊可以為視覺化資料找出三大廣泛的功能性配色方案：

- **順序**（Sequential）：在這個配色方案中，可以使用顏色表示數量（量的比較）或順序排列。顏色是用來創造「放大效果」，最顯著的例子就是在第 12 章中看到的面量圖，其中比較強烈的顏色通常代表更高的數值。依順序排列的配色設計，以相同或相似色相的不同明度為基礎。

- **發散**（Diverging）：和上述的順序一樣，但它是雙頭走向。數值基於兩種不同色相，從中心點向兩端偏離，而且越往兩端，顏色越飽和。

- **分類**（Qualitative）：沒有隱含的等級、順序或數值，用來代表資料

中的類別差異（好比水果中「蘋果」、「梨子」、「香蕉」的差異）。分類的配色往往涉及「多色相」（也就是不只一種顏色）。

探索這些配色設計有一個很好的起點，就是知名網站 Colorbrewer[15]。創辦人是製圖師辛西亞‧布魯爾（Cynthia Brewer），它是一個互動式的配色方案產生器，同時支援 RGB 和 CMYK 輸出。

每種配色方案都附帶關於它是否對色盲安全、印刷友善之類的指導。從 Colorbrewer 學到的要點是，色盲讀者無法閱讀明度對比不足的多色相配色方案，如下圖所示。

資料視覺化的配色方案

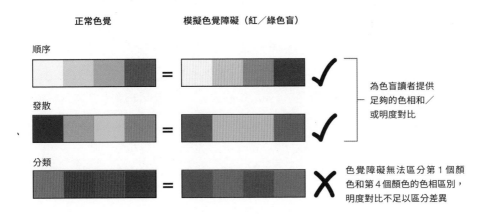

16 進位色碼標示法

你在使用 Colorbrewer 這類網站時可能會發現一組看起來神祕的色彩資訊：一個井字號（#）後面跟著 6 個字母及／或數字的組合。

#fff1e5

先別慌，這叫做「16 進位色碼」（hex code），是以 16 進位色碼表示的 RGB 值，是一套 16 進位的編碼系統。還記得前面說過，紅、綠、藍三種色光的每個數值如何在 0 至 255 的區間內表示嗎？採用 16 進位制時，這個數值的範圍就變成 00 至 FF，所以 16 進位色碼中的 6 個字元是 3 對數值，紅、綠、藍各 1 對。

所幸，你不用成為轉換 16 進位和 10 進位的專家，一樣可以理解 16 進位色碼，包括 hslpicker.com 在內的大量網站，可以為你轉換 RGB、HSL 及 16 進位色碼數值。你在網站中輸入上述的 16 進位色碼 #fff1e5，就會看到轉換成 RGB 值 255, 241, 229 和 HSL 值 28,100,95，它代表鮭粉色（salmon pink），《金融時報》的讀者應該不陌生⋯⋯

挑選色相：文化聯想

人們會對色相形成深度依附，從個人鍾愛的運動隊伍，到最新的伸展台時尚秀。國旗顏色具備深刻的象徵意義，正如企業代表色會講述一部分的創業史。《金融時報》獨創採用粉紅色紙張印刷，有部分原因是在 19 世紀後期使用未經漂白的紙張印刷更便宜，但是時至今日它堅定地成為公司優質品牌的元素之一。

　　儘管有些顏色的連結性很強，但是我們應該自我警惕，不要過度依賴。

　　首先，許多顏色的聯想過程不是很順暢。雖然紅色在亞洲可能和好運有關，但是在其他情況卻可能意味著危險與死亡，或者單純就是指草莓。在荷蘭，橘色和皇室會連結在一起；但是在英國，紫色才是一般會與君主制聯想在一起的顏色，在此暫時不談最近數十年，紫色正好可能和某個特定政黨扯上關係。

　　有些顏色聯想幾乎放諸四海皆準。綠色和成長、永續的關聯度超高，以至於現在全世界具有環保意識的政黨都用它命名。事實上，在《金融時報》，政黨政治色彩是我們通常會採用的聯想之一，因為它們有助於讀者明白資料。

　　同樣地，如果完全沒想到使用紅色和天藍色，繪製與足球隊曼徹斯特聯及曼徹斯特城相關的比較資料圖表，就會顯得很奇怪。（我會堅持「主場隊服」，只因為顏色聯想禁得起時間考驗！）

　　但是有些顏色聯想也可能強化不想要或不合時宜的刻板印象，像是粉紅色是女孩色，而藍色是男孩色，它遠非某些人認定的深層文化慣例，只不過是日漸式微的 20 世紀時尚觀。在它蔚為流行之前，曾有一度興起反向聯想，也就是藍色是女孩色，而紅色或粉紅色則是男孩色，便反向取代長期以來走到哪裡，都看見嬰兒穿著白色衣服和配飾的傳統。

房間裡的大象：企業代表色

　　我們談論色彩和文化的關聯時，不可能略過許多製圖者的起點：嚴格遵循企業調色盤的指示。將企業品牌納入圖表配色方案本身沒錯，不過我會鼓勵你仔細檢查企業調色盤，它是否負有順序、發散和分類的功能性目的？是否允許高明度和低明度（將元素拉到前景或放到背景）？對色盲友善嗎？打造品牌之際，是否可能欠缺考慮其中某些因素？

與其反抗公司並轉換跑道，你不如試圖和企業設計及溝通團隊談談，解釋你對顏色的功能需求，並找出企業配色的例外或延伸做法。舉例來說，你可以採用企業的色相角度，但是根據不同的明度與飽和度增添額外的色調。

無論你採用哪一種手法，定義一系列可以重複使用的調色盤永遠都是好主意，這樣一來，當你每次製作圖表或地圖時，就無須面臨相同的配色設計問題。永遠都會有需要不同處理方法的例外情況，但訂定一個可靠的預設起點總是好的。

格式塔原則

當我學會設計原則和資料視覺化之間的關係，圖表與格式塔原則（Gestalt Principle）之間的關聯就變得日益明顯。

1920 年代，在德國崛起的格式塔心理學派主張，人類應該將個體元素視為整體的一部分。**格式塔**這個德國詞彙可以翻譯成「形式」或「形狀」，但是就脈絡來看，我們可以想成它專門描述大於個別元素加總的整體形式或形狀。

以下列出格式塔學派的 6 項感知組織原則，我們可以直接把它們和圖表世界連在一起。

相似原則

在下方這張 10×10 的網格圖中，感知系統告訴我們，有一欄的圓點和其他圓點顯著不同。這就是相似（Similarity）原則在發揮作用，是指我們的大腦認為，具備共同視覺特徵的物件比不相似物件的關聯性更高。

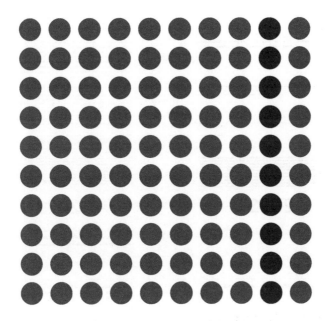

在第 4 章視覺化量的比較時，我們看到諾伊拉特、昂茨和雷德邁斯特的成就。他們的國際文字圖像教育系統使用重複性圖示，這是在格式塔學派的活躍時期開發而成，喚起人們對這個正在發揮作用原則的強烈感覺。它是一套依然經常被使用的技巧，正如下方這張比較美國海軍和中國海軍的圖表所示。

從《捍衛戰士》到下一個，軍事力量發生怎樣的變化

軍艦數量 *

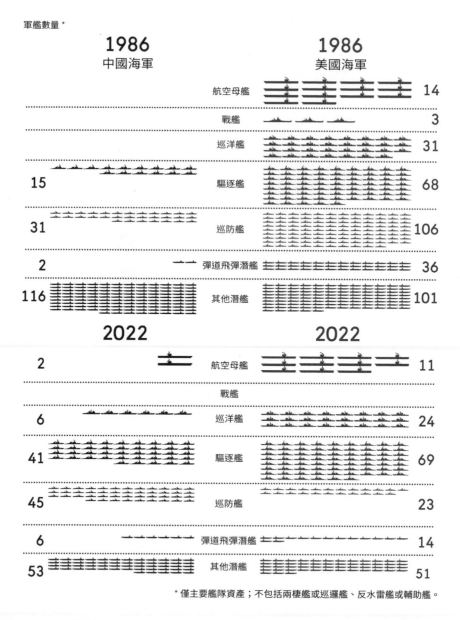

	1986 中國海軍		1986 美國海軍
		航空母艦	14
		戰艦	3
		巡洋艦	31
15		驅逐艦	68
31		巡防艦	106
2		彈道飛彈潛艦	36
116		其他潛艦	101

2022 | | | **2022**

2		航空母艦	11
		戰艦	
6		巡洋艦	24
41		驅逐艦	69
45		巡防艦	23
6		彈道飛彈潛艦	14
53		其他潛艦	51

* 僅主要艦隊資產；不包括兩棲艦或巡邏艦、反水雷艦或輔助艦。

圖片：Ian Bott，資料來源：'Military Balance'、International Institute for Strategic Studies，收錄於 James Crabtree, Still Top Gun? What Tom Cruise's new movie tells us about American power, May 27, 2022. 參見 https://www.ft.com/content/26ebe826-08d7-4966-b104-1a3be1f8ca5c。

接近原則

　　這是最容易解釋的原則之一：距離接近的物件看起來比距離遙遠的物件關聯性更高。在下圖中，我們可以看出兩個不同的組別，其中一組在下方形成一個三角形，關係非常密切，其他則否。

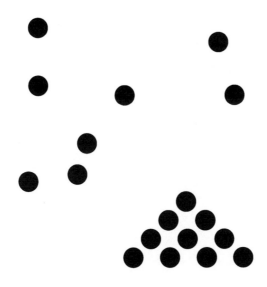

　　接近（Proximity）原則是資料視覺化世界的基礎，通常會使用位置做視覺編碼。這張散布圖連結收入匱乏和英國南部地方市鎮哈文特（Havant）的脫歐公投投票率，在利伊公園（Leigh Park）的群集地區，看起來比這個區域內其他地點的關聯更密切。

在哈文特，脫歐投票與匱乏相關

多重匱乏指數（Index of Multiple Deprivation，2019 年底層超級輸出區排名）和投票脫歐的估計比例

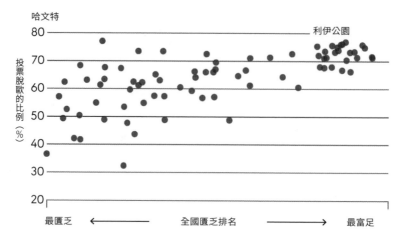

資料來源：Chris Hanretty、英國住宅與地方政府部，收錄於 William Wallis, England in 2019: Split by wealth but united by Brexit, *Financial Times*, November 30, 2019. 參見 https://www.ft.com/content/b398d284-11dc-11ea-a225-db2f231cfeae。

連續原則

這張圖中你看到幾條線？嚴格來說是 4 條，但是如果你只看到 2 條，就可以歸功平順的連續（Continuation）原則。這表明具有平滑邊緣的圖形，會比銳利、不規則或中斷的邊緣更可能被視為有連貫性。

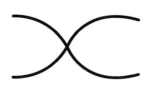

這一點有助於解釋普萊菲爾的折線圖設計，是一種毫不費力的優雅。互相重疊的序列（亦即某個序列超過另一個序列）上列出的重點，非但不

會產生混淆，反而讓圖形變得有趣，塗上顏色更有助強化我們理解正在發生的事。

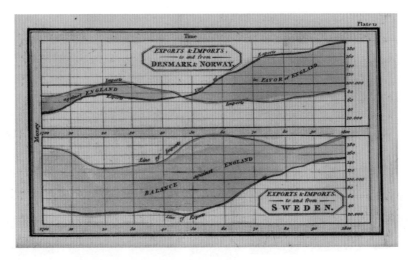

資料來源：Derivative of File: Playfair TimeSeries.png William Playfair's Time Series of Exports and Imports of Denmark and Norway Published at the Art Direct, May 17th by W. Playfair. 參見 https://en.wikipedia.org/wiki/William_Playfair#/media/File:Playfair_TimeSeries-2.png。

共同命運原則

共同命運（Common Fate）原則指出，如果我們看到元素一起移動，會傾向視它們為一個統一群組。

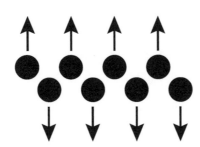

　　這張財務資料主幹圖顯示群組效應（Grouping Effect）的力量有多強大，銷售額上升和收入下降之間形成明顯的視覺對比，讓下標變得十分簡單。

WeWork 的虧損隨著擴張而增加

銷售額和收入（百萬美元）　■ 收入　　■ 調整後的 EBITDA*

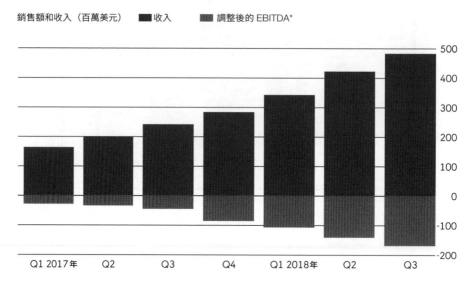

* 息稅折舊及攤銷前利潤。不包括股票薪酬與為顧問提供的服務而發行的股票相關費用，以及平穩租金費用的影響。

資料來源：公司資料。

封閉原則

　　人類喜歡圖像本身的完整性，而且只看到一部分的形狀時，會自動補足成一個整體。對多數人來說，這張令人惱怒的缺角圓就是一個圓形。

　　封閉（Closure）原則很有用，讓我們可以在留白處自創外形。下表取自英國國家統計局，底色為白色，因直欄與橫列都很清楚，無須再畫格線。

1 UK TRADE IN GOODS AND SERVICES AT CURRENT MARKET PRICES (CP)

Balance of Payments basis

£ million, Seasonally Adjusted

	Trade in goods			Trade in services			Total trade		
	Exports	Imports	Balance	Exports	Imports	Balance	Exports	Imports	Balance
	BOKG	**BOKH**	**BOKI**	**IKBB**	**IKBC**	**IKBD**	**IKBH**	**IKBI**	**IKBJ**
Annual									
2015	280 395	406 009	-125 614	245 688	150 006	95 682	526 083	556 015	-29 932
2016	297 909	437 107	-139 198	271 202	165 031	106 171	569 111	602 138	-33 027
2017	337 940	478 418	-140 478	292 161	178 178	113 983	630 101	656 596	-26 495
2018	350 844	493 096	-142 252	312 481	198 527	113 954	663 325	691 623	-28 298
2019	371 955	510 169	-138 214	327 295	209 769	117 526	699 250	719 938	-20 688
2020	308 884	438 326	-129 442	296 458	164 157	132 301	605 342	602 483	2 859
2021	320 474	476 317	-155 843	298 493	171 411	127 082	618 967	647 728	-28 761
Quarterly									
2017 Q1	83 015	117 974	-34 959	72 154	43 731	28 423	155 169	161 705	-6 536
Q2	85 152	120 441	-35 289	72 758	44 624	28 134	157 910	165 065	-7 155
Q3	84 196	120 703	-36 507	74 406	45 047	29 359	158 602	165 750	-7 148
Q4	85 577	119 300	-33 723	72 843	44 776	28 067	158 420	164 076	-5 656
2018 Q1	85 126	119 997	-34 871	76 551	47 968	28 583	161 677	167 965	-6 288
Q2	87 621	122 694	-35 073	76 367	48 788	27 579	163 988	171 482	-7 494
Q3	90 127	123 890	-33 763	77 520	49 155	28 365	167 647	173 045	-5 398
Q4	87 970	126 515	-38 545	82 043	52 616	29 427	170 013	179 131	-9 118
2019 Q1	90 549	142 102	-51 553	78 003	49 602	28 401	168 552	191 704	-23 152
Q2	86 879	123 822	-36 943	80 457	51 915	28 542	167 336	175 737	-8 401
Q3	93 455	125 206	-31 751	83 574	53 575	29 999	177 029	178 781	-1 752
Q4	101 072	119 039	-17 967	85 261	54 677	30 584	186 333	173 716	12 617
2020 Q1	82 353	113 924	-31 571	80 972	48 270	32 702	163 325	162 194	1 131
Q2	72 373	87 875	-15 502	69 821	38 012	31 809	142 194	125 887	16 307
Q3	73 562	107 318	-33 756	70 832	38 374	32 458	144 394	145 692	-1 298
Q4	80 596	129 209	-48 613	74 833	39 501	35 332	155 429	168 710	-13 281
2021 Q1	72 623	111 855	-39 232	73 383	39 901	33 482	146 006	151 756	-5 750
Q2	82 680	116 482	-33 802	75 335	42 219	33 116	158 015	158 701	-686
Q3	76 301	122 351	-46 050	74 998	44 737	30 261	151 299	167 088	-15 789
Q4	88 870	125 629	-36 759	74 777	44 554	30 223	163 647	170 183	-6 536
Monthly									
2018 Jan	28 819	41 189	-12 370	25 113	15 619	9 494	53 932	56 808	-2 876
2018 Feb	27 791	37 681	-9 890	25 638	16 048	9 590	53 429	53 729	-300
2018 Mar	28 516	41 127	-12 611	25 800	16 301	9 499	54 316	57 428	-3 112
2018 Apr	28 033	40 644	-12 611	25 670	16 370	9 300	53 703	57 014	-3 311
2018 May	29 190	41 235	-12 045	25 433	16 290	9 143	54 623	57 525	-2 902
2018 Jun	30 398	40 815	-10 417	25 264	16 128	9 136	55 662	56 943	-1 281
2018 Jul	30 424	41 061	-10 637	25 312	16 053	9 259	55 736	57 114	-1 378
2018 Aug	29 603	41 942	-12 339	25 716	16 265	9 451	55 319	58 207	-2 888
2018 Sep	30 100	40 887	-10 787	26 492	16 837	9 655	56 592	57 724	-1 132
2018 Oct	30 044	42 213	-12 169	27 278	17 470	9 808	57 322	59 683	-2 361
2018 Nov	29 605	42 222	-12 617	27 595	17 740	9 855	57 200	59 962	-2 762
2018 Dec	28 321	42 080	-13 759	27 170	17 406	9 764	55 491	59 486	-3 995
2019 Jan	29 272	46 575	-17 303	26 378	16 781	9 597	55 650	63 356	-7 706
2019 Feb	29 682	46 775	-17 093	25 797	16 358	9 439	55 479	63 133	-7 654
2019 Mar	31 595	48 752	-17 157	25 828	16 463	9 365	57 423	65 215	-7 792
2019 Apr	27 656	42 492	-14 836	26 304	16 919	9 385	53 960	59 411	-5 451
2019 May	29 235	41 106	-11 871	26 873	17 383	9 490	56 108	58 489	-2 381
2019 Jun	29 988	40 224	-10 236	27 280	17 613	9 667	57 268	57 837	-569
2019 Jul	32 117	41 002	-8 885	27 558	17 693	9 865	59 675	58 695	980
2019 Aug	30 659	41 610	-10 951	27 835	17 811	10 024	58 494	59 421	-927
2019 Sep	30 679	42 594	-11 915	28 181	18 071	10 110	58 860	60 665	-1 805
2019 Oct	32 131	43 277	-11 146	28 476	18 329	10 147	60 607	61 606	-999
2019 Nov	33 339	38 035	-4 696	28 542	18 361	10 181	61 881	56 396	5 485
2019 Dec	35 602	37 727	-2 125	28 243	17 987	10 256	63 845	55 714	8 131
2020 Jan	30 074	38 290	-8 216	28 141	16 944	11 197	58 215	55 234	2 981
2020 Feb	27 211	39 290	-12 079	27 129	16 533	10 596	54 340	55 823	-1 483
2020 Mar	25 068	36 344	-11 276	25 702	14 793	10 909	50 770	51 137	-367
2020 Apr	23 432	27 827	-4 395	23 550	13 064	10 486	46 982	40 891	6 091
2020 May	24 293	27 470	-3 177	22 859	12 166	10 693	47 152	39 636	7 516
2020 Jun	24 648	32 578	-7 930	23 412	12 782	10 630	48 060	45 360	2 700
2020 Jul	24 177	34 760	-10 583	23 360	12 681	10 679	47 537	47 441	96
2020 Aug	25 034	34 486	-9 452	23 402	12 830	10 572	48 436	47 316	1 120
2020 Sep	24 351	38 072	-13 721	24 070	12 863	11 207	48 421	50 935	-2 514
2020 Oct	25 953	40 229	-14 276	24 817	13 282	11 535	50 770	53 511	-2 741
2020 Nov	27 032	42 939	-15 907	24 963	13 114	11 849	51 995	56 053	-4 058
2020 Dec	27 611	46 041	-18 430	25 053	13 105	11 948	52 664	59 146	-6 482
2021 Jan	21 337	36 616	-15 279	24 549	13 034	11 515	45 886	49 650	-3 764
2021 Feb	24 535	37 873	-13 338	24 289	13 223	11 066	48 824	51 096	-2 272
2021 Mar	26 751	37 366	-10 615	24 545	13 644	10 901	51 296	51 010	286
2021 Apr	27 630	38 420	-10 790	24 490	13 676	10 814	52 120	52 096	24
2021 May	28 710	38 282	-9 572	25 352	14 177	11 175	54 062	52 459	1 603
2021 Jun	26 340	39 780	-13 440	25 493	14 366	11 127	51 833	54 146	-2 313
2021 Jul	26 112	40 694	-14 582	24 881	14 965	9 916	50 993	55 659	-4 666
2021 Aug	25 140	40 039	-14 899	25 025	14 991	10 034	50 165	55 030	-4 865
2021 Sep	25 049	41 618	-16 569	25 092	14 781	10 311	50 141	56 399	-6 258
2021 Oct	28 730	40 434	-11 704	24 931	14 840	10 091	53 661	55 274	-1 613
2021 Nov	29 605	42 306	-12 701	24 992	14 877	10 115	54 597	57 183	-2 586
2021 Dec	30 535	42 889	-12 354	24 854	14 837	10 017	55 389	57 726	-2 337

圖與地原則

　　和格式塔學派相關的圖像中，以下圖最出名，它敦促我們思考前景（圖），以及背景（地）。你會看到什麼，完全取決於你認為背景是白底或黑底；若是白底，會看到兩張人臉輪廓；若是黑底，則會看到一個花瓶。

　　清晰的對比讓我們可以區別前景和背景、內容和非內容。下方這張人口金字塔或許不至於讓你聯想成一個花瓶或兩張相對的人臉，但是圖中置於前景的資料無疑就像等著被你檢視。

2020 年英國按年齡劃分的年齡結構

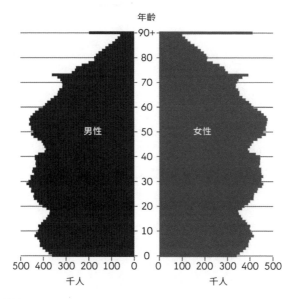

資料來源：英國國家統計局。

包容性設計

　　基於交流資料讓讀者看懂並使用而言，圖表是一種絕佳做法。但對有視覺、行動或認知障礙的人來說，圖表可能會代表巨大挑戰，如果設計過程沒有納入他們的需求時更是如此。

　　如果我們想製作包容性資料視覺化成品，需要讓它的核心資訊盡可能**無障礙**呈現。不是所有無障礙做法都相同，我們不需要滿足單一受眾的需求，而是要同時滿足許多不同受眾的需求。舉例來說，一張視覺成像可能對具有認知障礙的人來說極有幫助，對視障者就不是這麼好用了。

學習要點

無障礙工具箱

直到最近，關於製作無障礙資料視覺化作品的指引還是很有限，不過情況正開始改變。

Chartability 是一個工具箱，由無障礙資料視覺化專門機構費思工作坊（Fizz Studio）研究員法蘭克・依萊斯基（Frank Elavsky）所創。它是一整組可測試的問題，有助找出「資料體驗」中的潛在障礙。

這些障礙分為 7 種類型，每種都有助理解設計包容性資料所需的特定元素。舉例來說，「感知障礙」（Perceivable Failure）是指使用者無法運用感官輕鬆看懂內容；而「操作障礙」（Operable Failure）則是無法控制互動圖形的問題。

你可以上網免費取用 Chartability[16]，對深知製圖真正無障礙會涉及什麼問題的人來說，它是各界強力推薦的起點。

無論你採用什麼軟體製圖，都可以採取三個步驟立即改善所有讀者的圖表體驗，同時也讓它們觸及盡可能多的受眾：

1. 讓對比最大化。
2. 讓圖表文字清晰、易讀。
3. 在線上版本的圖表中納入替代文字。

---

16 參見 https://chartability.fizz.studio。

1. 讓對比最大化

　　正如我們所見，對色盲讀者來說，確保清晰的明度對比會帶來完全不同的結果。不過清晰的對比對每個人都好，不僅適用於你為圖表中使用的資料上色，也適用於整體視覺效果。請格外留意文字。

　　對比要素包含在無障礙網頁內容規範（Web Content Accessibility Guidelines, WCAG）中，這是一套由全球資訊網協會（World Wide Web Consortium，網際網路的主要標準組織）發表的無障礙網路倡議（Web Accessibility Initiative）辦法 [17]。你可以測試配色方案的對比度，並知道它們是否通過無障礙網頁內容規範針對文字和圖形元素的測試。

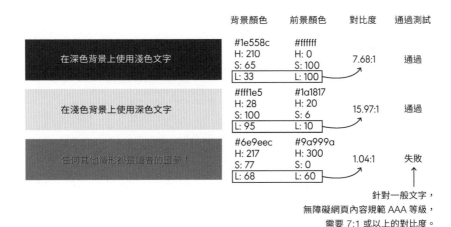

	背景顏色	前景顏色	對比度	通過測試
在深色背景上使用淺色文字	#1e558c H: 210 S: 65 L: 33	#ffffff H: 0 S: 100 L: 100	7.68:1	通過
在淺色背景上使用深色文字	#fff1e5 H: 28 S: 100 L: 95	#1a1817 H: 20 S: 6 L: 10	15.97:1	通過
任何其他情形都是讀者的噩夢！	#6e9eec H: 217 S: 77 L: 68	#9a999a H: 300 S: 0 L: 60	1.04:1	失敗

針對一般文字，
無障礙網頁內容規範 AAA 等級，
需要 7:1 或以上的對比度。

2. 讓圖表文字清晰、易讀

　　我們知道文字對圖表有多重要，因此確保文字可讀至為關鍵。就像滿足上述的對比要求，應該確保你的字體夠大以利閱讀。

17　參見如 https://webaim.org/resources/contrastchecker/ 等網站。

當然，任何單一文字元素的字體應該多大，取決於它是什麼內容（好比標題應該比注腳大），以及它顯示在什麼裝置上（像是投影機／桌上型電腦／智慧型手機）。就可讀性而言，你要考慮的最重要事項就是**最小字體**。雖然沒有什麼嚴格規定，但一般共識是電子螢幕上的設定值是 16px（像素）。

更好的做法是，如果你是要發表在網路環境，與其根據像素指定大小，不如考慮使用比例單位，好比「em」[18]，調整文字大小以便符合螢幕顯示，智慧型手機螢幕上的 1 em 會比大尺寸桌上型顯示器的 1 em 來得小。

以文字來說，另一個重要的考量點是選擇字體。字型有點像顏色，許多人從企業環境中承接相關的指示。儘管如此，對軸線標記這類圖表元素來說，通常你應該避免使用複雜的襯線（serif）字型，選用較簡潔的無襯線（sans-serif）字型，因為後者在較小或較低解析度的螢幕上通常更縮放自如，甚至是印刷品的可讀性差異也可能很驚人。

襯線：大線末尾的細線／筆劃

無襯線：有時稱為「grotesque」或「gothic」字型

40pt Visual vocabulary in Times New Roman

40pt Visual vocabulary in Graphik

14pt Visual vocabulary in Times New Roman

14pt Visual vocabulary in Graphik

當然，可讀性並非選擇字體的唯一目標，格式和色調也很重要，因此達到平衡的情況就很重要了。

---

18 譯注：字體排印學（Typography）的計量單位，1 em 就是一個字型的大小。

最後，呈現數字時有一個重要的原則，就是文字要「表格等寬」（Tabular Lining），確保每個字體都占有相等的水平空間。在表格中呈現數字時這一點**不可或缺**，而且圖表其他部分也可依循，好比軸線說明。

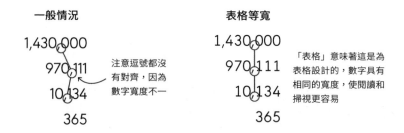

一般情況

1,430,000

970,111

10,134

365

注意逗號都沒
有對齊，因為
數字寬度不一

表格等寬

1,430,000

970,111

10,134

365

「表格」意味著這是為
表格設計的，數字具有
相同的寬度，使閱讀和
掃視更容易

3. 在線上版本的圖表中納入替代文字

替代文字（alternative text/alt text），是指伴隨線上出版品出現的圖像文字描述，使用目的是為那些看不到的人提供有意義的圖像摘要。在這種情況下，視障讀者可以使用螢幕閱讀器軟體，它會大聲唸出敘述文字。

多數使用者看不到替代文字（但是如果你碰巧將游標停在網站的圖像上就可能瞥見），不過看不到並不代表它不重要，對某些讀者來說，這將是他們與你的圖像唯一的互動方式。

不過，我們應該採用什麼方法建構替代文字？可以重新審視圖表標題和注釋的《金融時報》原則作為起點，之前在設計基本配方時曾看過：

替代文字＝顯示〔標題〕的〔副標題〕的〔圖表類型〕

讓我們來檢視一個例子。

減稅推動電影業繁榮

英國電影和高檔電視支出（百萬英鎊）

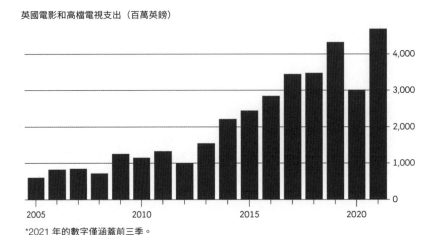

*2021 年的數字僅涵蓋前三季。

資料來源：英國電影協會，收錄於 Alistair Gray, Tax rebates fuel UK film and TV boom, *Financial Times*, December 13, 2021. 參見 https://www.ft.com/content/871aedbf-a982-488a-84d4-38c937da46aa。

圖表的標題和副標題都採用《金融時報》的「主動式標題」，也就是一句敘述性標題，還有支持的圖表詮釋資料，其中包含副標題裡的資料描述，所以我們的替代文字將是：

「一張顯示英國電影和高檔電視支出的柱狀圖（單位是百萬英鎊），顯示減稅推動電影業繁榮。」

我們可以進一步描述趨勢，並從資料中擷取一些數字加入，進而延伸這句簡短的描述。

「2012 年以來，支出持續呈現上升趨勢。在 2021 年，光是前三季的支出就達到 46 億 8,900 萬英鎊，相較之下，9 年前的全年支出金額約

為 10 億英鎊。在這段期間，2020 年是唯一比前一年下滑的年分。」

最後，我們還可以加入資料來源：

「資料來源為英國電影協會（British Film Institute）。」

除了替代文字，還可以提供一張表格，提供你用來繪製圖表的資料。[19] 就繪製資料集較小的圖表來說，這是一個格外理想的解決方案，因為螢幕可以讀到個別數值，畢竟涵蓋數千個資料點的散布圖可能是較難解析的資訊。如果資料文件可以下載，所有讀者或許都會感謝你提供連結。

影像格式

時至今日，圖表通常採用**電子影像**（electronic image）的形式發布，但是請留意很重要的一點，這個意義模糊的術語可能涵蓋大量的格式，值得你花時間釐清它們之間的區別。

最大的是**網格**（raster）和**向量**（vector）影像格式之間的區別：**網格格式**在矩形像素網格中編碼，是顯示器可定址的最小單位。每一個單一像素記錄一則資訊，也就是它的顏色。常見的網格格式包括：

- **視窗點陣圖**，通常大家知道的格式是副檔名 .bmp。
- **可攜式網路圖形**（portable network graphics），即 .png。

---

19 遺憾的是，對許多新聞機構來說，授權限制往往意味著它們無法提供圖像中使用的基礎資料。

- 聯合圖像專家小組（joint photographic (experts) group），即 jpeg（.jpg）。
- 圖像互換格式（graphics interchange format），即 .gif。

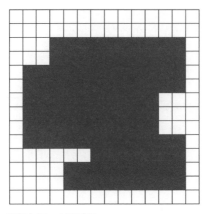

資料來源：金融時報。

相較之下，**向量格式**則使用成對的 x 值和 y 值，記錄圖形元素的形狀與位置，進而將坐標系統上的資訊編碼，甚至可以指定各點之間的曲線。

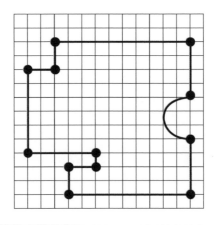

　　時至今日，電子影像最常見的向量檔案格式是**可縮放向量圖形**（scalable vector graphics，即 .svg），它是一套由全球資訊網協會建立並開發的開源標準。

　　對圖表來說，為什麼網格與向量之間的爭論這麼重要？表面上看來，無論哪一種影像可能看起來都非常相似，但是放大檢視後會顯現（幾乎）不同的圖片……

網格　　　　　　　　　　　　　　　向量

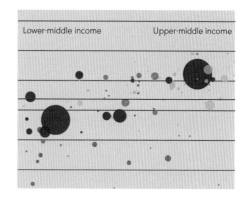

資料來源：金融時報。

　　網格影像很快就背棄它們的網格起源。圓形的錯覺唯有在一種被稱為「抗鋸齒」（anti-aliasing）的過程中才會出現，這是指一種平滑處理的過程，在數位顯示器上平均分配像素顏色，以便模擬曲線。放大之後，整個影像會看起來很模糊，也就是「像素化」（pixelated）。

　　然而，由於向量影像的坐標系統很有彈性（因此**可縮放**向量圖形），可以依照任何比例重新繪製。以成像顯示來說，它們當然還是顯示在像素化的電腦螢幕上，但是因為坐標系統在每個尺度都重新繪製，因此放大時品質的差異很明顯。

從這個例子來看，雖然「向量比較適合校正」，但是在當今的出版界，兩種格式仍各自占有一席之地。

一般來說，網格格式很快就能顯現影像，多數軟體環境也大力支援。從在社群媒體上推發影像，到插入文書處理軟體，網格格式通常都可以勝任。在網格格式的保護傘下，一般的經驗法則如下：

- 照片使用 jpeg 格式。
- 圖表和示意圖使用 png 格式。
- 動畫網格影像使用 gif 格式。

向量格式在高解析度的螢幕上，提供最高的渲染品質，因為它們也提供不會影響品質的尺寸調整功能，因此在印刷出版環境裡深受重用。

第 17 章

個案研究：把不確定性視覺化

以圖表形式呈現的資料看起來權威感十足，引人注意，以至於我們可能忘記要質疑，應該對提供的實際數字具備多少信心。這是一個錯誤，因為理解我們究竟可以多依賴資料，更是培養圖表素養的重要環節。

重點在於意識到資料永遠都不是完美的，就像人類一樣，資料也存在缺陷，有時候無足輕重，但有時候至關重要。

- **誤差**。有可能是**系統誤差**（Systematic Error），好比測量裝置沒有正確校準，或是設計的調查方法有偏差，這樣一來，它就不是記錄我們以為它正在記錄的內容。誤差也有可能**隨機**發生，在這種無法預測的情況下，即使是一陣強風，都可能導致我們記錄的資料發生變化。

- 誤差和**準確度**（Accuracy）及**精確度**（Precision）的概念息息相關。準確度是測量某個被記錄的數值和它的真實數值之間的接近程度；精確度則是獨立的概念，指的是記錄的細節程度。因此，雖然我們的理想是得到高度準確、高度精確的資料，但實際上有可能是低度精確的準確資料，以及不準確的精確資料。

- 另一個關鍵概念是，以個別蒐集每個資料點而言，統計者用來產生估計值的技巧不切實際（或不可行），呈現的結果就會帶有**不確定性**

（uncertainty）。針對用以估計開發中國家孕婦死亡率的繁複技巧，羅斯林曾經下過一句讓人印象深刻的評語：「聰明人猜結果。」

我有時會被問到，為什麼「不確定性」不是視覺化辭典中的一種關係，它不需要一個專屬欄位嗎？

我們繪製在圖表上的所有資料充斥著不確定性，使得它或多或少成為一個普遍的概念，而非子類型。資料中的不確定性無可避免，製圖者有必要思考的兩個問題是「何時」與「如何」呈現。

第一個問題的答案在很大程度上取決於脈絡。舉例來說，學術論文中的圖表通常需要點明誤差和不確定性。這是因為每當涉及呈報科學研究成果，可重複性（Reproducibility）是必要條件，所以誤差和不確定性就顯得很重要。

學術論文用來表明不確定性的常見技巧是**誤差線圖**（Error Bar Chart），這是一種傳統的柱狀／長條圖，每根長條都用一條連結上下誤差範圍（Error Bound）的線條加以修飾。

概念本身很簡單：較短的誤差線通常意味著對相關長條數值的信心較高。重點是誤差線會重疊，要從圖表上的數值歸納出任何有意義的結論很困難，這是因為兩個數值之間看起來清晰明確的部分，有可能只是誤差造成的。

這種視覺化技巧的一大缺點是，誤差線的上下誤差範圍顯示的內容沒有普遍共識，可能只是好幾種統計測量的其中一種代表：**標準差**（Standard Deviation）、**標準誤**（Standard Error）、**信賴區間**（Confidence Interval），甚至是**最小值**和**最大值**。那就是必須具體指出很重要的原因，但許多圖表都沒有做到這一點。

在新聞環境裡，誤差線不算經常使用，但是當它身為報導的重要元素時，坦然接受其中的不確定性至關重要。

帶有誤差線的柱狀圖

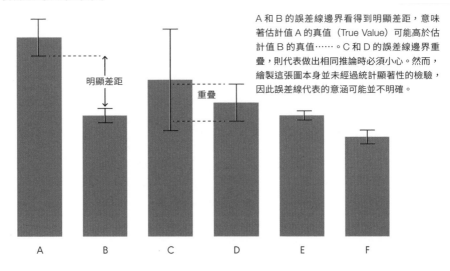

A 和 B 的誤差線邊界看得到明顯差距，意味著估計值 A 的真值（True Value）可能高於估計值 B 的真值……。C 和 D 的誤差線邊界重疊，則代表做出相同推論時必須小心。然而，繪製這張圖本身並未經過統計顯著性的檢驗，因此誤差線代表的意涵可能並不明確。

明顯差距

重疊

A　　　　　B　　　　　C　　　　　D　　　　　E　　　　　F

2020 年，英國政府公布的資料顯示，在許多情況下，英國脫歐之後，申請英國居留權的歐盟公民人數，超過這些國家官方估計人民定居在英國的總數。

數字不僅高於官方估計，在許多情況下還超出已公布的信賴區間上限，進而引發各界擔憂這套用來估計人口數量的基礎流程有誤。

學 習 要 點

什麼是信賴區間？

信賴區間是一個範圍，是指對稱地落在點估計（Point Estimate，是一個單一數值）任何一側的一對數值（即下限和上限）。你可以將「信賴度」視為「機率」的替代說法，一般信賴水準是 95%，意思是我們期望重複 100 次同一個估計過程，至少 95 次會產生一個落在區間內某處的人口估計值。信賴區間的設計宗旨是，解釋並傳達圍繞著單一估計值的變化。

我一開始先採用統計套裝軟體「R」繪製一張探索圖（Exploratory Plot）。針對每個國家計算信賴區間，呈現每個國家官方公布的人口數字百分比。

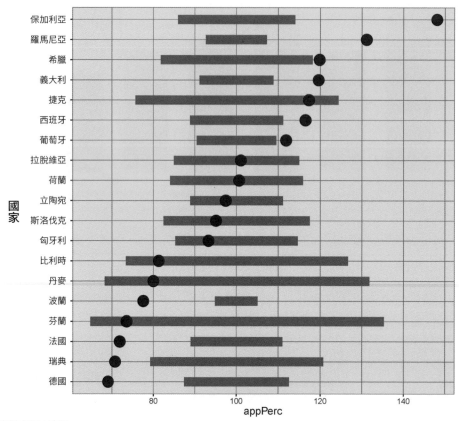

資料來源：歐盟。

請留意：

- 信賴區間永遠是對稱的，它們在 100%（公布的數值）兩側等量延伸。
- 信賴區間的大小不同，這是因為有些國家的估計值變化遠大於其他國家。

　　將草圖繪製成完稿圖形涉及幾個關鍵的設計決策，其中最值得留意的環節是對信賴區間的梯度（Gradient）處理[20]，或者套一句讀者的說法是：「不確定性的汙點痕跡。」

　　整體來說，我覺得以視覺上而言，梯度比傳統的誤差線更能暗示不確定性，它**看起來**單純是在呈現某種帶有不確定性的結果，無須讀者理解統計估計技術的細微差別。

　　我想，梯度也顯示一種「合理性（plausibility）衰減」的趨勢，也就是你的統計結果遠離官方估計了。因此以捷克共和國為例，人民申請數量可能不會遠遠超出官方預估上限，但是我們可以看到它正在踩線。

　　這張圖的其他設計元素，包括主動式標題；把超過上限的國家塗上飽和、中等明度的顏色凸顯；解釋性注釋等，現在應該都看起來很熟悉，而且有助於強化我們在本書這一篇看到的其他設計主題。

　　最終成像是一個從原始圖開始慢慢演化的過程，這一路上，我更換套裝軟體，從「R」換成另一套圖形設計軟體 Adobe Illustrator，也向同事伯納德和伯恩－梅鐸徵求寶貴意見。像這樣把設計決策拿來當社交話題永遠是好主意，這樣你就會較有自信地展現最終成像，畢竟你會希望自己看到的內容，讀者也能看得到。

20　譯注：梯度是一個向量，有方向、大小。某個數值的梯度是指，它在那個數值增加的程度和增加的方向。

英國的永居計畫讓大眾對官方人口數字起疑

歐盟永居方案（EU Settlement Scheme, EUSS）* 申請總數占英國官方估計人口百分比 **，依國籍劃分

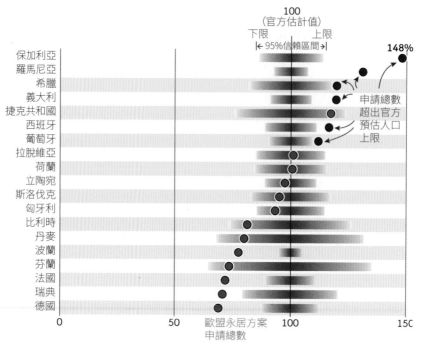

* 從 2018 年 8 月 28 日開始至 2020 年 5 月 31 日。

** 從 2019 年 1 月至 2019 年 12 月的估計人口數。

圖片：史密斯，資料來源：Andy Bounds in Manchester and Bethan Staton in London, EU settled status applicants exceed official tally, July 7, 2020. 參見 https://www.ft.com/content/a611c7ae-8276-4e42-8e63-0b68e3b90f9f。

第 18 章

　　《金融時報》視覺化辭典是因應記者分析資料、迅速產製圖表的需求而生。但是它的潛在用處廣及繁忙的新聞編輯部以外的領域，這正是我們決定將它轉成 pdf 格式的文件，提供免費下載的原因之一。

　　視覺化辭典的真正力量在於，可以調整成用於自身工作環境。這可能涉及你為自家受眾變更圖表的數量和種類，或是涉及你思考如何把它當作資料策略的一部分，淋漓盡致地發揮它的用途。

　　我曾和兩位分別處於不同工作環境的視覺化辭典使用者交談，以便更深入了解視覺化辭典對他們多有用。

商業分析師

　　理查・史拜格（Richard Speigal）描繪一幅畫面，許多置身資料驅動的商業智慧世界裡的人會覺得很熟悉：分析師核心團隊焦頭爛額地處理來自企業各部門的客戶需求，而且其中許多客戶根本無法清楚說明自己的資訊需求。

　　全英建築房屋抵押貸款協會（Nationwide Building Society, NBS）是全球最大型的合作金融機構之一，在史拜格領導的商業智慧卓越中心（Centre of Excellence）全力促使該協會各個團隊轉向「輻軸式」（Spoke and Hub）模式

303

前，他描述該協會面臨的窘境是「超級大鴻溝」。

新策略的核心思想是「全英建築房屋抵押貸款協會視覺化辭典」（NBS Visual Vocabulary），主要是一套採用自家企業的商業分析軟體，將《金融時報》的視覺化辭典改編後，納入互動式工作手冊。

長期以來，全英建築房屋抵押貸款協會被《金融時報》視覺化辭典及其用途廣泛的圖表圈粉，因此對史拜格的團隊來說，這個改編版本一開始就是培訓挑戰：「我們可以在 Qlik 中做出多少張這樣的圖表？」

事實證明，所有人的答案都差不多，他坦承「我們自己都很驚訝」，但是剛出爐的「全英建築房屋抵押貸款協會視覺化辭典」很快就變成不只是培訓練習的工具。

商業智慧團隊找上非傳統夥伴合作──全英建築房屋抵押貸款協會的內部設計師，共同產出企業形象外觀和一些額外功能：「我們以前沒有分類的調色盤，所以他們就幫我們設計出一套，幫助解決對比之類的問題。」

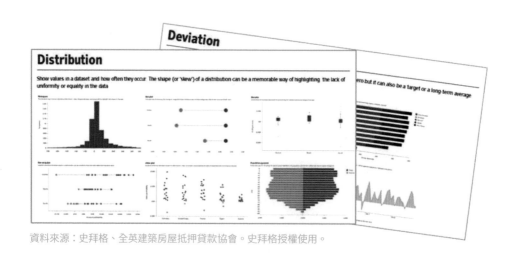

資料來源：史拜格、全英建築房屋抵押貸款協會。史拜格授權使用。

這個團隊開始在出差時，隨身攜帶 Qlik Sense 這款精美的全新應用程式，如今整個全英建築房屋抵押貸款協會的內部使用者和開發人員天天都在使用。

史拜格談到全英建築房屋抵押貸款協會視覺化辭典，為自己的團隊與廣泛產業帶來的影響時，定調三大關鍵領域：

1. 更流暢的商業對話

「它徹底改變商業智慧團隊和業務部門對話的品質。」

和其他團隊共事不再以建立冗長的需求聲明這套正式流程為中心，而是以全英建築房屋抵押貸款協會視覺化辭典為討論核心，可以輕鬆閒聊、快速且得以重複溝通。

在設計階段，分析師和企業使用者定期針對視覺化辭典開會，即時針對呈現資料各種方式的優缺點展開公開討論。企業使用者最常給的評論是：「我不知道儀表板可以長這樣！」

2. 開發人員實用的「入門指南」

「這款應用程式變成開發人員實用的學習指南，現在當他們看到自己喜歡的圖表時，可以很快查看設計背後的內容，釐清它怎麼做成的，然後推行自家版本。這是一種另類簡單的日常省時手法，協助我們從更快從設計進入生產。」

3. 資料呈現的企業風格指南

「在一個大團隊裡，儀表板很容易就喪失視覺一致性，我們最終得到一款有用的應用程式和風格指引，提供充分靈感，好讓我們節省時間，也不會因此扼殺創造力。」

史拜格滿腔熱血地談到，全英建築房屋抵押貸款協會視覺化辭典對全公司圖表素養產生的影響：「我實在想不出更厲害的說法來評價視覺化辭典，它至今還是商業智慧團隊最常用的 Qlik 應用程式。在以前，即使光是繪製散布圖都會嚇壞一票人……但是現在我們用桑基圖繪製顧客旅程地圖（Customer Journey Mapping）。」

教師

艾列斯代・蒙帝斯（Alasdair Monteith）是地理老師，在蘇格蘭莫里（Moray）地區頂尖私立寄宿學校高登斯頓（Gordonstoun）任教。對蒙帝斯來說，數據素養和批判性思考一向是他熱中的教學主題，視覺化辭典在這方面居功厥偉。

「《金融時報》視覺化辭典很好用，因為它展示的技術範圍遠比過去那一套更廣泛。（地理）教科書會選用經典的比例圓圈；此外，也看得到一些空間資料，還有散布圖和折線圖，不過能看到各種可以真正畫出來的資訊圖表真的很有幫助。」

除了是《金融時報》視覺化辭典的活躍用戶外，他還定期為「**金融時報前進校園**」（FT4Schools）計畫提供課程，該計畫為世界各地學校的學生和教師提供免費線上訂閱服務。

根據《金融時報》報導，課程計畫涵蓋從汙染到移民、政治不穩定到全球健康等廣泛的主題。這和蒙帝斯改變各界對地理學看法的使命一致。「從牛軛湖和各國首都城市列表」到其他更符合數學原理的知識，用以解釋瞬息萬變的世界背後的科學。

但是，採用新聞報導當作課程計畫來源為什麼如此重要？完全和世界變動的速度有關：「我們使用的課程教科書是在 2016 年印製的，那是前任美國總統歐巴馬任期的最後一年。從那時起，下一任總統川普上任又卸任，而且

我們還經歷全球疫情大流行。」

　　舉例來說，蒙帝斯的課程計畫之一是基於《金融時報》的「新冠肺炎：數據看全球危機」報導[21]，這是一篇針對全球疫情大流行爆發後頭 6 個月的分析。在其他任務裡，他鼓勵學生質疑不同資料集在報導中的呈現方式：

　　　「除了面量圖外，還有哪些呈現數據的替代方法可以用來預測義大利疫情爆發的數據？」

　　蒙帝斯還敦促學生思考如何用統計技術量化圖表中呈現的模式：

　　　「散布圖顯示在春季和秋季時，歐洲受創最嚴重的地方，什麼統計檢定可以用來評估春季和夏季資料之間相關性的強度？」

　　正如問題本身暗示的，蒙帝斯將「視覺優先」的報導，視為鼓勵更多學生改善分析和解釋技巧的好方法。他也看到明顯的進步跡象：「到了今天，我覺得學生越來越熟練了……他們接觸到更多資料，也因此更加了解。」

　　然而他警告，持續遭受資料轟炸會為學生帶來潛在負擔過重的問題：「他們需要變得更精於分析，並審視自己看到的內容。」

　　蒙帝斯將視覺化辭典這類資源視為有用的輔具，好讓學生練習解碼統計的視覺語言。而且重要的是，不是只有學生才有學習需求：「針對專業來說，我們依舊還有很長的路要走……我們這些老師都必須進一步改善自己對不同資料呈現方式的理解。」

---

21 參見 https://ig.ft.com/coronavirus-global-data/

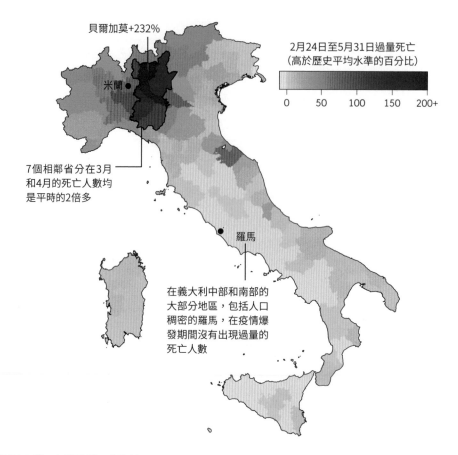

貝爾加莫+232%

米蘭●

2月24日至5月31日過量死亡
（高於歷史平均水準的百分比）

0　　50　　100　　150　　200+

7個相鄰省分在3月
和4月的死亡人數均
是平時的2倍多

●羅馬

在義大利中部和南部的
大部分地區，包括人口
稠密的羅馬，在疫情爆
發期間沒有出現過量的
死亡人數

資料來源：金融時報，收錄於 Covid-19: The global crisis—in data. 參見 https://ig.ft.com/coronavirus-global-data/。

　　這是《金融時報》樂於支持的一個重要目標，其實「金融時報前進校園」
計畫和皇家地理學會（Royal Geographical Society）攜手合作，提供全英國數
千所中學印刷版的視覺化辭典，這意味著全國學生和教師在教堂上都可以學
習，以及討論各種呈現資料的方法。

軟體工具

視覺化辭典只是一張海報，但這種做法其實是一個非常深思熟慮的決定。

我投入製圖的時間長久到足以明白，資料視覺化愛好者超容易被最新穎的軟體工具吸引，很少人會質疑新穎性是否真能帶來更好的結果。

從一套特定軟體出發，會漸漸變成默默接受它的優缺點。坦白說，我不是很樂見本身組織的資料視覺化策略，是從「這套軟體可以讓我們做什麼？」的角度踏出第一步。

我也覺得海報可以藉由圖表設計拓展社交活動，因為它通常是非常孤獨的活動。大家不需要具備特定軟體的專業知識，可以或坐或站在視覺化辭典前，單純專注討論想要顯示的資料模式就好。

這肯定是新聞編輯部使用時引起最初轟動的原因，因為使用門檻很低，作為教育工具是非常好的起點。

只有一個小問題：儘管所有關於圖表的討論都很合理正常，但我們還是必須把圖表繪製出來。

在《金融時報》新聞編輯部裡製作圖表

我們的出發點看起來不是很有希望。我在 2015 年 9 月剛進入《金融時報》新聞編輯部時，發現公司用來製作並在報紙和網站上發布圖表的預設軟體，竟然至少有 25 年的歷史，讓我極為驚訝，這簡直就是地質年代的軟體！

不只如此，這套工具內含的視覺化選項極為保守，在第 2 章介紹《金融時報》奇特的內褲圖，其中使用的折線圖、長條圖及圓餅圖就是使用這套軟體繪製而成。我們需要迅速採取行動，斬斷這條和過去《金融時報》「渣圖」的連結。

當時，現成的軟體解決方案缺乏我們取自視覺化辭典再製成圖表所需的靈活性，我們因而轉向開放原始碼資料視覺化工具箱「D3」。

D3 是由業界傳奇人物麥克・波士塔克（Mike Bostock）所創，命名由來是「資料驅動文件」（Data-Driven Documents），可說是一個程式函式庫，使用者需要應用無處不在的網頁設計語言 JavaScript 編寫程式碼。D3 的程式碼可以從試算表檔案中，產生優質、完全客製化的動畫和互動圖形。

這套做法的主要優點是百分之百彈性，也就是從你可以和不可以產出什麼這一點來看，並沒有什麼限制。

在一家組織內部廣泛採用 D3 有一個缺點，就是進入障礙很高，你需要先會編寫程式碼才能使用。這一點彰顯出公司新聞編輯部的大問題，只有少數製圖同仁會編寫程式碼。

我們找來同事海斯雷和伯納德一起合作，在資深開發人員湯姆・皮爾森（Tom Pearson）指導下，打造一套 D3 **樣板**函式庫，才終於解決這個問題，其他人只需要學會一點點程式碼就能重複使用。這些樣板在設計階段就同時考慮線上版和紙本版，因此與視覺化辭典海報非常類似，賦予我們製作更多類型的圖表，並且幾乎無損速度或品質。

我們很快就打造出基於視覺化辭典的繪製圖表新方法，同時適用於線上和紙本。全新的 D3 函式庫代表我們向前邁出重要一步，任何視覺與資料新聞團隊同仁只要接受一點培訓，現在都有能力從視覺化辭典中建立圖表，改變我們快速繪製圖像的能力，當英國財政大臣發布預算案，你得在數小時內產生超過 100 張客製圖表時，它就非常好用！

我們的 D3 函式庫經過多年演變，至今仍持續在《金融時報》資料視覺化中扮演重要角色。然而，真相是並非想要創作視覺化辭典圖表的人，都想先學會編寫或執行電腦程式碼，然後才能產出圖表。因此，我不一定會推薦它

學習要點

使用《金融時報》的程式碼！

　　在共享程式碼網站 GitHub 上 [22]，可以找到我們的原始 D3 視覺化辭典樣板的工作版本。在這個函式庫裡，每個資料夾就代表一種不同的圖表類型，並附有樣本資料集。你啟動程式碼就會製成圖像；可以改變資料、標題、注釋等圖表內容，還有設定列印尺寸等功能，只要簡單編輯程式碼即可執行。

當作起點，特別是因為近 5 年來視覺化工具進步神速。

　　所幸，資料視覺化社群也積極回應視覺化辭典，提供許多製作視覺化辭典圖表的選項，先從其中或許最禁得起考驗的 Microsoft Excel 說起。

Microsoft Excel

　　施瓦比什是啟發視覺化辭典的參考海報「連續圖解」的共同創造者，曾經製作一套可供下載的 .zip 檔案，其中包含 8 個 Excel 檔案，每個都涵蓋視覺化辭典裡呈現不同關係類別的圖表。雖然要支付一些費用（截至 2022 年 4 月是 10 美元），卻可以直接用來支持施瓦比什的出色播客 PolicyViz。在這套無所不在的試算表軟體中，這是使用並繪製視覺化辭典圖表的好方法。

Tableau

　　我們定期邀請外部講師參與《金融時報》團隊會議，這是發掘靈感的好

22　https://github.com/ft-interactive/visual-vocabulary.

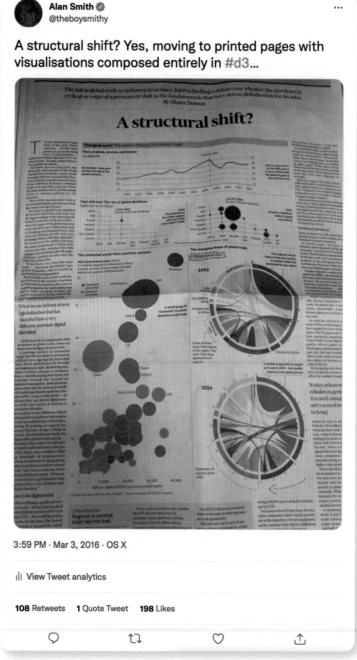

Alan Smith ☑
@theboysmithy

A structural shift? Yes, moving to printed pages with visualisations composed entirely in #d3…

3:59 PM · Mar 3, 2016 · OS X

⼾ View Tweet analytics

108 Retweets　**1** Quote Tweet　**198** Likes

方法，無論是最新的學術研究、新聞個案研究、視覺藝術或科技發展。多年來，我們有幸可以在午餐後的團隊會議中，舉辦許多 TED 水準的演講。

2018 年 7 月，安迪‧克里貝爾（Andy Kriebel）與會，向我們展示他一直以來都使用商業分析軟體 Tableau 完成的工作。克里貝爾是 Tableau 使用者社群裡的傳奇人物，如今已是「禪師名人堂」（Zen Master Hall of Fame）成員，名不虛傳。我們很好奇，想知道他一直在做什麼。不過那天我們為克里貝爾分享內容做的心理準備還是很不足，因為他竟然展示如何在 Tableau 中完全安裝啟用視覺化辭典！

克里貝爾向我們解釋，他接受挑戰的初衷是使用 Tableau 製作以前從未嘗試的圖表類型，包括小提琴圖（Violin Plot）、桑基圖和圓圈時間軸。

克里貝爾無私地公開他的 Tableau 版本，用意是希望其他人可以像他在創造過程中那樣努力學習，你可以在 YouTube 上看到克里貝爾更詳細解釋這個計畫[23]。

如果你是 Tableau 的使用者，它就是你通往視覺化辭典的門戶。此外，其他使用者受到克里貝爾的成就啟發，紛紛在其他套裝軟體製作自己的視覺化辭典版本[24]。

Power BI

傑森‧湯瑪斯（Jason Thomas）又叫做 SqlJason，為 Power BI 製作另一個版本的視覺化辭典。Power BI 是微軟針對數據儀表板（Data Dashboard）的粉絲，推出的視覺化和商業智慧產品[25]。

23　https://www.youtube.com/watch?v=5M-0e9t_IRM

24　參見 https://www.tableau.com/solutions/gallery/visual-vocabulary

25　參見 http://sqljason.com/2018/12/financial-times-visual-vocabularypowerbi-edition.html

Qlik

我們已經看過史拜格為全英建築房屋抵押貸款協會開發的視覺化辭典版本，Qlik 具有派崔克・諾史頓（Patric Nordstrom）替代版本，不需使用任何擴充功能 [26]。

Vega

Vega 是一種輕度的宣告式程式語言（Declarative Programming Language），用來建立、儲存並共享互動視覺化設計。

資料科學家普拉塔・瓦德漢（Pratap Vardhan）為 Vega 創造一個視覺化辭典安裝啟用版本，內含 70 多個圖表。很多人受到克里貝爾在 Tableau 的成就啟發，打造自己的版本，瓦德漢正是其中之一 [27]。

用於統計運算的 R 計畫

R 是免費編寫程式碼的環境，主要用於統計分析和視覺化，因此擁有龐大的全球使用者社群。

在英國大曼徹斯特（Greater Manchester）特拉福德市議會（Trafford Council）的一個工作團隊——特拉福德資料實驗室（Trafford Data Lab），以「《金融時報》視覺化辭典的結構」為基礎，為 R 的高人氣資料視覺化使用者套件 ggplot2 產出一套圖像指南 [28]。

26　參見 https://community.qlik.com/t5/Qlik-Sense-Documents/FT-Visual-Vocabulary-Qlik-Sense-version/ta-p/1764785.

27　參見 https://www.pratapvardhan.com/blog/ft-visual-vocabulary-vega/

28　參見 https://www.trafforddatalab.io/graphics_companion/

Flourish

　　Flourish 是以網路為基礎的工具，讓不會編寫程式碼的使用者可以產出複雜的互動式圖表。有一篇 Flourish 的支援文章，提供選擇正確圖表的指引，以便在 Flourish 中採用視覺化辭典的類別當作製作圖表的起點 [29]。

　　在這個世界上，我們最不缺的事物就是製圖軟體，如今就有數百種不同的套裝軟體可供選擇，而且本書的目的也不是在協助（或強迫）你選擇其中一種。

　　當然軟體將會在未來幾年繼續演化並發展，我真心希望，獨立於內容創造的視覺化辭典工具會依舊具備實用性，成為那些創造自己資料視覺化策略的使用者眼中，具有持久價值的參考資源。

---

29 參見 https://flourish.studio/2018/09/28/choosing-the-right-visualisation/

作者致謝

史密斯
2022 年 2 月

自從我加入《金融時報》以來，全球的新聞議程從未平靜，有可能是不帶有因果關係的相關性個案，但並未妨礙新聞編輯部成為源源不斷的靈感來源。

我想要感謝視覺化與資料新聞團隊的優秀同事，沒有他們就沒有這本書。7 年來，深感榮幸能和一群才華洋溢的記者共事。你會在書中許多圖表下方看到他們的名字，我只是覺得要一起列出來才對。如果說他們曾經教會我什麼事，那就是團隊合作才能製作更出色的圖表：

伯納德、伯特、布魯斯－洛克哈特、伯恩－梅鐸、坎貝爾、寇可、艾倫柏格－雪儂、方絲、凱斯·傅雷（Keith Fray）、哈洛、海斯雷、克里夫·瓊斯（Cleve Jones）、高、艾瑪·路易斯（Emma Lewis）、麥卡倫、馬蘇林、奈維特、克里帕·潘喬利（Kripa Pancholi）、帕瑞許、茵塔·林斯蘭（Ændra Rininsland）、史塔布、提福德、維斯涅斯卡、張。

記者群和精明、勤奮的編輯團隊打造一套優質網絡，為創意合作提供廣受歡迎的環境。我們設法成功推動野心勃勃的資料視覺化計畫，在很大程度上也要歸功於《金融時報》前、後任總編輯萊昂內爾·巴伯（Lionel Barber）和魯拉·哈拉夫（Roula Khalaf），在這段期間大力支持。

　　要感謝培生集團（Pearson）的編輯艾洛伊絲‧庫克（Eloise Cook），因為她在寫作過程中給予鼓勵和建設性回饋。

　　最後，我想要大聲謝謝內人愛莉（Ellie），她的鼓勵和支持，以及她同等的耐性與寬容，因為製作圖表的長長白晝過去後，就是撰文分析的漫漫長夜。

新商業周刊叢書　BW0823

金融時報首席專家的
資料視覺化聖經

原 文 書 名／How Charts Work: Understand and Explain
　　　　　　　Data with Confidence
作　　　者／艾倫・史密斯（Alan Smith）
譯　　　者／吳慕書
企 劃 選 書／黃鈺雯
責 任 編 輯／黃鈺雯
編 輯 協 力／蘇淑君
版　　　權／吳亭儀、林易萱、江欣瑜、顏慧儀
行 銷 業 務／林秀津、黃崇華、賴正祐、郭盈均

總 　 編 　 輯／陳美靜
總 　 經 　 理／彭之琬
事業群總經理／黃淑貞
發 　 行 　 人／何飛鵬
法 律 顧 問／台英國際商務法律事務所
出　　　版／商周出版　臺北市中山區民生東路二段141號9樓
　　　　　　　電話：(02)2500-7008　傳真：(02)2500-7759
　　　　　　　E-mail：bwp.service@cite.com.tw
發　　　行／英屬蓋曼群島商家庭傳媒股份有限公司　城邦分公司
　　　　　　　台北市104民生東路二段141號2樓
　　　　　　　電話：(02)2500-0888　傳真：(02)2500-1938
　　　　　　　讀者服務專線：0800-020-299　24小時傳真服務：(02)2517-0999
　　　　　　　讀者服務信箱：service@readingclub.com.tw
　　　　　　　劃撥帳號：19833503
　　　　　　　戶名：英屬蓋曼群島商家庭傳媒股份有限公司城邦分公司
香港發行所／城邦(香港)出版集團有限公司
　　　　　　　香港灣仔駱克道193號東超商業中心1樓
　　　　　　　電話：(825)2508-6231　傳真：(852)2578-9337
　　　　　　　E-mail：hkcite@biznetvigator.com
馬新發行所／城邦(馬新)出版集團
　　　　　　　Cite (M) Sdn Bhd
　　　　　　　41, Jalan Radin Anum, Bandar Baru Sri Petaling,
　　　　　　　57000 Kuala Lumpur, Malaysia.
　　　　　　　電話：(603)9057-8822　傳真：(603)9057-6622　email: cite@cite.com.my

封 面 設 計／盧卡斯工作室　內文設計暨排版／無私設計・洪偉傑　印　刷／鴻霖印刷傳媒股份有限公司
經 　 銷 　 商／聯合發行股份有限公司　電話：(02)2917-8022　傳真：(02) 2911-0053
　　　　　　　地址：新北市231新店區寶橋路235巷6弄6號2樓

ISBN／978-626-318-669-9 (紙本)　978-626-318-667-5（EPUB）
定價／600元 (紙本)　420元（EPUB）

國家圖書館出版品預行編目(CIP)數據

金融時報首席專家的資料視覺化聖經/艾倫.史密斯
(Alan Smith)著；吳慕書譯. -- 初版. -- 臺北市：商周
出版：英屬蓋曼群島商家庭傳媒股份有限公司城邦分
公司發行, 2023.06
　面；　公分. --（新商業周刊叢書；BW0823）
譯自：How charts work : understand and explain
data with confidence
ISBN 978-626-318-669-9(（平裝）

1.CST: 圖表 2.CST: 視覺設計

494.6　　　　　　　　　　　　112005589

城邦讀書花園
www.cite.com.tw

商周出版

廣　告　回　函
北區郵政管理登記證
北臺字第10158號
郵資已付，免貼郵票

10480　台北市民生東路二段141號9樓

英屬蓋曼群島商家庭傳媒股份有限公司城邦分公司　收

- -

請沿虛線對摺，謝謝！

商周出版

書號：BW0823	書名：金融時報首席專家的資料視覺化聖經

讀者回函卡

感謝您購買我們出版的書籍！請費心填寫此回函卡，我們將不定期寄上城邦集團最新的出版訊息。

不定期好禮相贈！
立即加入：商周出版
Facebook 粉絲團

姓名：＿＿＿＿＿＿＿＿＿＿＿＿＿＿＿＿＿＿＿＿　性別：□男　□女

生日：西元＿＿＿＿＿＿年＿＿＿＿＿＿月＿＿＿＿＿＿日

地址：＿＿＿＿＿＿＿＿＿＿＿＿＿＿＿＿＿＿＿＿＿＿＿＿＿＿＿

聯絡電話：＿＿＿＿＿＿＿＿＿＿　傳真：＿＿＿＿＿＿＿＿＿＿

E-mail：

學歷：□ 1. 小學 □ 2. 國中 □ 3. 高中 □ 4. 大學 □ 5. 研究所以上

職業：□ 1. 學生 □ 2. 軍公教 □ 3. 服務 □ 4. 金融 □ 5. 製造 □ 6. 資訊

　　　□ 7. 傳播 □ 8. 自由業 □ 9. 農漁牧 □ 10. 家管 □ 11. 退休

　　　□ 12. 其他＿＿＿＿＿＿＿＿＿＿＿＿＿＿＿＿＿＿＿＿＿

您從何種方式得知本書消息？

　　　□ 1. 書店 □ 2. 網路 □ 3. 報紙 □ 4. 雜誌 □ 5. 廣播 □ 6. 電視

　　　□ 7. 親友推薦 □ 8. 其他＿＿＿＿＿＿＿＿＿＿＿＿＿＿

您通常以何種方式購書？

　　　□ 1. 書店 □ 2. 網路 □ 3. 傳真訂購 □ 4. 郵局劃撥 □ 5. 其他＿＿＿

您喜歡閱讀那些類別的書籍？

　　　□ 1. 財經商業 □ 2. 自然科學 □ 3. 歷史 □ 4. 法律 □ 5. 文學

　　　□ 6. 休閒旅遊 □ 7. 小說 □ 8. 人物傳記 □ 9. 生活、勵志 □ 10. 其他

對我們的建議：＿＿＿＿＿＿＿＿＿＿＿＿＿＿＿＿＿＿＿＿＿＿

＿＿＿＿＿＿＿＿＿＿＿＿＿＿＿＿＿＿＿＿＿＿＿＿＿＿＿＿＿

＿＿＿＿＿＿＿＿＿＿＿＿＿＿＿＿＿＿＿＿＿＿＿＿＿＿＿＿＿